JN026778

ものの大きさ［第2版］

自然の階層・宇宙の階層

Yasushi SUTO
須藤靖［著］

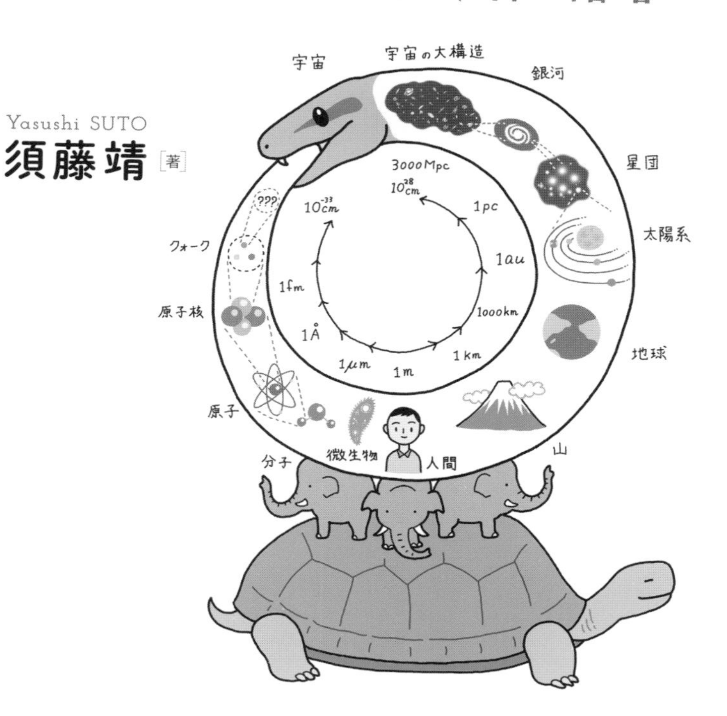

Hierarchy in Nature
[2nd edition]
from the Microscopic to the Cosmic

東京大学出版会

Hierarchy in Nature [2nd edition]:
from the Microscopic to the Cosmic

Yasushi SUTO

University of Tokyo Press, 2021
ISBN978-4-13-063609-4

はじめに

微視的世界と巨視的世界の階層の背後に潜む自然法則が，この世界をどこまで記述し尽くすのかを考える機会を提供するのが本書の目的である．私は宇宙物理学を専門としているため，天文学的分野の比重が高くなっているものの，通常の物理学の書物に比べて，より広くこの自然界を俯瞰しその普遍性を追究するような記述を心がけた．高校から大学教養学部程度の物理学を学んだことのある読者を念頭におき，知的好奇心さえあればそれ以上の専門的知識はなくとも理解していただけるものと期待する．

まず 1 章で，物理学さらに科学とはどのような営みで，それらの存在価値は何かを問いかける．これは本書の根底に流れる私の思想でもある．引き続く 2 章と 3 章で，この世界のスケールの両極端に位置する，微視的世界および巨視的世界の階層を概観する．これらが本書のタイトルでもある，この世界に埋め込まれた「ものの大きさ」に対応し，それぞれ，量子物理学と宇宙物理学に対する入門的解説となっている．

まったくスケールの異なるこれらの 2 つの階層構造が，実は物理法則によって強く結びついていることが 4 章で明らかとなる．微視的世界を記述する物理法則は，実は同時に宇宙の天体諸階層の存在をも説明する事実を通じて，この世界が物理法則に支配されていることを実感してほしい．その一方で，現在の物理学が世界のすべてを説明できるわけではない．この宇宙は何からできているのかという素朴な疑問に対して，いまだ満足な答えがないのはその端的な例である．5 章では，この宇宙の組成をめぐる観測的・理論的な研究を概観し，宇宙論の現状と展望を紹介する．

しかしながら，物理法則だけを拠り所とする正統的アプローチからは，われわれの住む宇宙がきわめて不自然な性質をもっていると結論せざるを得ない．それらを単なる偶然として片付けるのではなく，ある程度合理的な説明を求めようとする考え方の枠組みの 1 例が人間原理である．本書ではこの人間原理は，この宇宙は唯一無二の存在ではなく，より広いマルチバースという概念から解釈されるべきであるとの可能性を提起する．この人間原理とマルチバースを取り扱う6章は，狭い意味の科学の枠組みに収まるものではないが，いわば自然哲学という立場から常識的な世界観を覆す刺激的な見方を提供してくれるであろう．最後の付録で，本書で俯瞰した自然界の「ものの大きさ」を，次元をもつ値と無次元の値という観点からまとめておいた．

本書は2006年に出版されたUT Physicsシリーズの第1巻として出版されたものをもとに改訂されたものである．とくに過去15年間にわたる飛躍的な研究の進展を踏まえて，3.5節の太陽系外惑星，5章の宇宙論の内容は，大幅に書き換えた．さらに最後の6章では，マルチバースという概念に関するくわしい解説を追加した．

執筆にあたってはできる限り誤りのないように努めたつもりであるが，出版後に見つかった間違いや誤殖は

http://www.utp.or.jp/

にある『ものの大きさ　第2版』のサポートページにおいて随時お知らせするので，参照していただければ幸いである．

最後に，本書の執筆にあたっては，私の研究室のかつての大学院学生諸君から得たコメントが大いに参考になった．とくに今回の改訂に際して，林利憲君には原稿を最初から最後までくり返していねいにチェックしてもらった．また，担当編集者である丹内利香さんには，初版と同じく，この改訂版でも，大変御世話になった．以上の方々に，この場を借りて厚く感謝の意を表させていただきたい．

2021年2月

須藤 靖

目次

第1章　科学をする心

自然界にはさまざまな不思議が満ちあふれている．それら不思議な現象に対して，先人たちは多くの試行錯誤を通じてある解釈に到達し，さらにそれを仲立ちとして理解をより深めてきた．現在のわれわれはその過程を追体験することなく，単にその結果だけを知識として受け入れていることが多い．もちろん，知識を継承しそれらをさらに発展させていくことが人類の文化活動として重要なことは自明である．しかしそのために「何はさておきやっぱり不思議だなあ」という純粋な驚きを感じられることが少なくなっているとするならば，なにか寂しい．自然界に潜む新たな不思議を（再）認識し，それまでに築かれた基礎の上に立って，より深いレベルでの解明を模索する営みのくり返しこそが科学である．では人はなぜ「科学をする」のだろう？

もちろん，この問いに正解などあるはずはない．この章で述べる私の価値観とは異なる意見をおもちの方々も数多くいらっしゃることであろう．しかしながら，本書を通じて私が伝えたいことの背景として，あえてそこから始めてみたい．

1.1　科学の存在意義

ずいぶん昔のことになる．あるノーベル物理学賞受賞者が来日した際，「物理学の基礎研究の意義は，すぐに役に立つかどうかなどという近視眼的な観点から論ずるべきではない．100年後，200年後に役に立つかどうかを視野に入れた研究こそ重要だ」といった前置きから講演を始められた．これはしばしばくり返される「実用的でない」研究に対する批判への反論として，その存在意義と重要性を強調したものである．しかしながら，その表現ではかえって，結局は実用性こそ本質的だとする価値観を完全に容認してはいないだろうか？　そこで，「私は宇宙論の研究をやっているが，その成果は，100 年後だろうが 200 年後だろうが，どう考えても役に立つことはありそうにない．したがって，狭義の実用的という基準からは，この研究分野の存在価値は正当化できないように思う．この点について意見をお聞かせいただけないか」という質問をした．正直に言うと，それに関する彼の返事はよく憶えていない．おそらく，「天文学であろうが何だろうが，その当事者がもともと考えていたこととは無関係にまったく予想外の発展をすることは歴史が証明済みだ．したがって，長い目で見ればやはり役に立つことが多いのだ」といった比較的陳腐な返答であったのだろう．

上述のやりとりからは，講演者の発言は前向きな正論で，それに対する私の物言いこそ嫌味な揚げ足取りのように聞こえる．しかし，「今は役に立たないことをやっていてすいません．でもお待ちください．100 年後あるいは 200 年後にはきっと皆様のお役に立つような技術に結びつきますから，それまで御辛抱ください」といった論理だとすれば違和感を禁じ得ない．もちろん私ごときが，「科学の価値には，実用性などとは完全に無関係な側面があることも認めてください」などという講演をしたところで，ほとんど相手にされないであろう．だからこそ，世界的に認められた業績をあげた方には，（遠い将来の）実用性との関係においてのみ科学という営みを正当化するような論理は展開してほしくないのである．

2002 年に小柴昌俊東京大学名誉教授（1926–2020）が「宇宙ニュートリノ検出における先駆的貢献」に対してノーベル物理学賞を受賞された．その受賞発表の翌朝に NHK ニュースのリポーターが「先生のご研究はどのようなことに役に立つのか教えていただけませんか？」という，きわめて素朴な質問をした．これに対して小柴先生はしばらく沈黙された後，「まあ普通の生活にはまったく役に立ちませんね」とだけおっしゃった．残念ながら機転がきかないリポーターは，この正直な答えに絶句気味で，うまいフォローもできないまま中継を終えた．しかしこのやりとりに私はとても感銘を受けたのだった．一般の人びとにとってニュートリノなどまったくなじみがなくて当然だ．したがって，それがどのような役に立つのか，という観点からの質問がくることぐらいは，小柴先生には十分予想できたはずである．上のような「100 年後，200 年後に…」といった優等生的な答えをし，予定調和的に人びとを安心させることもできたはずだ．そうしなかった（あるいは，単純にそのようなことを予想すらしなかったのかもしれない）小柴先生の姿が，まさに私が言いたい科学の存在価値を言い尽くしているような気がした．

同じ趣旨をもっと雄弁に表現したのは，米国立フェルミ加速器研究所の初代所長であったロバート・ウィルソン（1914-2000）である．原子力に関する上院公聴会（1969 年 4 月 16 日）でのジョン・パストール議員に対する証言*1を私なりに訳してみれば以下のようになる．

> パストール：この加速器が，わが国の国防に関して何か役に立つと期待できるようなことはないでしょうか？
> ウィルソン：ないと思います．
> パストール：まったくないとおっしゃるのですか？
> ウィルソン：はい，何もありません．
> パストール：つまり，国防という観点からは，加速器は無価値であるということですね？
> ウィルソン：加速器がもたらしてくれるものは，われわれが抱く相互の尊敬の念，人間の尊厳，文化に対する愛情だけでしょう．申し訳ありませんが，軍事に結び付くものは何もありません．
> パストール：謝っていただく必要はありませんが . . .
> ウィルソン：別に謝っているわけではありません．軍事関係への応用には役立たないと正直に申し上げているだけです．
> パストール：では，ロシアとの競争という観点から，われわれが何か優位に立てるといったことはありませんか？
> ウィルソン：非常に長期的な視野に立つとするならば，技術を進歩させるという側面はあるでしょう．しかし，加速器は，われわれ自身が本当に優れた画家，彫刻家，あるいは偉大な詩人であるかどうかの試金石と言うことができます．つまり，われわれが心の底から尊敬し，わが国を誇りに思えるようなものを与えてくれるのです．加速器がもたらしてくれる新たな知見はわが国を守るためには直接的には何も役に立ちません．しかし，わが国を真に守るに値する国にしてくれるものなのです．

落ち着いて考えれば論点をずらしただけの屁理屈と突き放すことも可能かもしれない．ましてや現在の日本の政治家の前でこのような大演説をぶって

*1 http://www.fnal.gov/pub/ferminews/ferminews00-01-28/p3.html

も，彼らの価値観を揺さぶることはあり得まい*2．しかし，やはり科学の意義の本質を突いた名言だと思う．

このウィルソンとは，フェルミ加速器研究所を創設する前に，米国の原爆開発プロジェクトであるマンハッタン計画のグループリーダーを務めていた人物だ．20 世紀を代表する物理学者の一人であるリチャード・ファインマン（1918–1988）をこの計画に誘った張本人でもある．ロスアラモスでの原爆実験が成功した際のファインマンの回想によれば，メンバー全員の興奮と熱狂をよそに，リーダーのウィルソンだけが一人ふさぎこんでいたらしい．後日，ファインマンは次のように述べている*3

> われわれが（マンハッタン計画を）始めたときには正当な理由があった．だからこそ，われわれは懸命に働き，何かを成し遂げた．その結果，大きな喜びと興奮がもたらされた．その瞬間，人びとは考えることをやめる．そう，単に思考を停止させるのだ．そのような状況にありながら，さらに物事を考え続けていた唯一の人間がボブ・ウィルソンだった．

このようなウィルソンの経歴を知れば，上述の彼の証言の真意がより深く理解できるだろう．研究成果の学問的意義のみならず，それがもたらす社会的影響をつねに問い続ける．これはまさに科学の本質であり，科学者の社会的責任である．

1.2 法医工文

一方でこの類の議論は，研究者の独善性と真の学問的価値とを分離する作業が本質的な困難と危険性をはらみかねないことも忘れてはなるまい．確かに「実用性」という判断規準は，善しも悪しきもある種の客観的で健全な指針を与え得る．したがって，ともすれば独善に陥りかねない研究者をそれなりの方向に導く役割を果たしてくれる．実際，「実用的」と分類されるような分野の存在意義は自明である．訴訟，医療，健康管理，半導体技術，電化製品，··· などはすべてわれわれの生活に直接的に関与している．

---

*2 初版では「日本の」と限定したほうが正確だと判断したのであるが，2020 年時点の状況を見ると，もはや「世界中の」と修正すべきかもしれない．

*3 Feynmann, R., *Surely You're Joking, Mr.Feynmann!* (W. W. Norton, 1985).

本書は東京大学出版会から出版されているという事情を考慮して，東京大学の関係者であっても（少なくとも私の身の周りの人たちには）あまり知られていない例をとりあげてみよう．東京大学には歴史的な理由で「法医工文」という学部間の「序列」が存在したらしく，それは今でも名残をとどめている．学内の電話帳や名簿，さらにはホームページに至るまで学部紹介はまさにこの順序にしたがっている[*4]．

さて，「法医工」に関しては，きわめて個性的な研究は別として，一般的には「そんなことやって何になるの」という疑問はあまり発せられることはなかろう[*5]．では，その4番目に位置している文学の意義は何であろう．文学がなくとも人びとが直接的には困らないことは明らかである．しかし，文学を含む広い意味での芸術が人びとに与える影響の大きさは計りしれない．人口1億3000万足らずの日本において，（かつては）100万部を超えるベストセラー小説や，1000万枚以上を売ってしまう音楽CDアルバムが存在したという事実は，その影響の大きさを端的に物語る．また，ヨーロッパや中国のように長い文化と歴史をもつ国々を訪れたときに，もっとも感銘を受けるのは美術館や博物館であろう．このような活動が直接的な意味で大学の文学部の存在に支えられているわけではないが，けっして「実用的」とは言えない研究分野の存在意義を納得させてくれるものではある．芸術のもつ普遍的・直接的なわかりやすさには及ぶべくもないが，それらと同様に，科学の研究もまた，人びとの心の奥に潜んでいる知的好奇心に語りかけてくれることは事実だと思う（し，そうであってほしい）．

英語で役に立つをさすusefulは文字通り「用途に満ちた」であり，その対意語のuselessは「用途がない」という意味だ．一方，「価値がある」をさすvaluableに否定の接頭辞をつけたinvaluableは，「価値がない」では

---

*4　初版執筆時に存在した学内の電話帳や名簿は今やすべて電子化され，姿を消してしまったが，その歴史を伝えるためにあえてここではこの記述を残すことにした．

*5　物理学研究が行われている理学部はこの序列の番外である．そのためというわけではないが，私はこのような歴史的な序列が意味もなく残っている現状はおかしいと考えている．また，歴史的という立場に立てば，明治10（1877）年4月に旧東京開成学校から法・理・文の3学部，旧東京医学校から医学部を設置して東京大学が誕生しており，工学部はその後理学部から分離する形で生まれたようなのだが....．さらに言えば，東京開成学校をずっとさかのぼっていけば，貞享元（1684）年12月の「天文方」に行き着く．東京大学は天文学をルーツとすると結論してもよいぐらいだ．閑話休題．

なく，定量的に計ることすら難しいほど高い価値をもつ状態をさし，「とても貴重で意義がある」という意味になる．このように世の中には（少なくとも短期的には）useless であるが invaluable なものが存在する．芸術はもちろん，文学や天文学，さらに基礎科学はまさにその範疇に属している．

1.3 窮理学，物理学，そして科学

冒頭からややテンションが高くなってきたので，もう少し落ち着いて物理学とは何かを考えてみよう．古今東西さまざまな定義があるなかで，もっとも有名なのは，朝永振一郎（1906–1979）の

> われわれをとりかこむ自然界に生起するもろもろの現象——ただし主として無生物にかんするもの——の奥に存在する法則を，観察事実に拠りどころを求めつつ追求すること

という記述である[*6]．これは物理学の営みの本質を平易な言葉で簡潔に表現し尽くしている．さらに現在では，生物もまた物理学における重要な対象として定着していることは言うまでもない．

歴史的には，ヨーロッパにおいて物理学はもともと哲学の一分野として発達した．ただし広義の哲学と区別するために，natural philosophy（自然哲学）と呼ばれるようになった．アイザック・ニュートン（1642–1727）による歴史的著作『プリンキピア』（1687 年）は，*Philosophiae Naturalis Principia Mathematica*（『自然哲学の数学的諸原理』）という正式名の略称だ．また，日本では物理学の学位は「理学博士」と呼ばれるが，米国では ph.D（= philosophical doctor; 哲学博士），あるいは ph.D in physics である．

福澤諭吉（1835–1901）らは，この natural philosophy を窮理学と訳している．『学問のすゝめ』初編には，

> されば今かかる実なき学問は先ず次にし，専ら勤むべきは人間普通日用に近き実学なり．譬えば，いろは四十七文字を習い，手紙の文言，帳合の仕方，算盤の稽古，天秤の取扱い等を心得，なおまた進んで学ぶべき箇条は甚だ多し．地理学とは日本国中は勿論世界万国の風土道案内なり．窮理学

*6 朝永振一郎『物理学とは何だろうか』（岩波新書，1979）．

> とは天地万物の性質を見てその働きを知る学問なり．

という定義が記されている．また，それに引き続く二編の端書で，窮理学，さらに一般に学問の目的を

> 学問とは広き言葉にて，無形の学問もあり，有形の学問もあり．心学，神学，理学等は形なき学問なり．天文，地理，窮理，化学等は形ある学問なり．何れにても皆知識見聞の領分を広くして，物事の道理を弁え，人たる者の職分を知ることなり．

と述べている．

この2つの引用からは，福澤諭吉は窮理学を「実学」に分類していることが読みとれる．ただし，後者からわかるように，この「実学」あるいは「形ある学問」という言葉は，われわれが現在用いるものと比べるとかなり広義で，むしろ狭義の「純粋」科学のほうに近い．Natural philosophy および窮理学という言葉は，今ではほとんど用いられていないが，いずれもなかなか含蓄に富む言葉だ．これらから想像されるような，世界観の構築といった哲学的な思想までをも含む壮大な学問体系というニュアンスを嫌ってであろうか，現在では，より具体的で実学的な意味合いを込めて，physics あるいは物理学という言葉が主として用いられるようになっている．しかしながら，本書で紹介する自然界の階層の研究には，あえて窮理学という言葉を復活させて使ってみたい気もする．

本節のしめくくりとして，ファインマンが科学とは何かを語った言葉を引用しておこう*7．

> 今まで引き継がれてきたことがみな真実だという考えに疑いを抱き，過去の経験を伝えられてきたままの形で鵜呑みにせず，実際の経験をとおしてまったくのはじめから，実際はどうなのかを発見し直すということです．これこそが科学です．つまり，過去から継承されてきた種族としての経験を必ずしも信用せず，もっと直接の新しい経験からそれを調べ直す価値を発見した結果が，科学なのです．これが僕の科学観で，僕にできる最上の定義はこれ以外にありません．

---

*7 リチャード・P．ファインマン『ファインマンさんベストエッセイ』（大貫昌子・江沢洋訳，岩波書店，2001）．

僕はみなさんが専門家を，たまにどころか，必ず疑ってかかるべきだということを，科学から学んで頂きたいと思います．事実，僕は科学をもっと別な言い方でも定義できます．科学とは専門家の無知を信じることです．

ここには，先人の到達した理解を単なる知識ではなく，咀嚼し直したうえで受け入れることの必要性，建設的な意味での懐疑主義，さらに，科学はそれ自身が自己を修正しつつ進歩していく性質を備えていることが，明確に述べられている．

1.4　古代中国の素粒子論：十干十二支と五行説

本書は「宇宙」を主たる考察対象の1つとする．宇宙の研究など日常生活とはまったく無縁の切り離された世界であるように思えるが，じつは必ずしもそうとばかりは言い切れない．たとえば，われわれが毎日使っている曜日の日本語名は，もとをたどれば太陽系内天体が語源となっている（表1.1参照）*8．

さらにもとをたどれば，地球を除いて古代から知られていた太陽系内5惑星は，古代中国で物質の起源と考えられていた5元素（五行），木・火・土・金・水，に対応する．北京の天壇（heaven's palace）には，「木火土金水之神」と書かれた札が祀られている場所があり，この5元素が，それに対応する神の信仰と結びついていたことが想像される．地球に近い惑星の名前がこの5元素に対応する事実は，これらを背景としているのだろう．

十二支（子丑寅卯辰巳午未申酉戌亥）と合わせて十干十二支の定義する60年周期は，たとえば「還暦」のお祝いなど，今でも日常生活に残っている．十干（甲乙丙丁戊己庚辛壬癸）は，きのえ・きのと，ひのえ・ひのと，つちのえ・つちのと，かのえ・かのと，みずのえ・みずのとであり，読み方からわかるように，それぞれ2つ組（兄弟）として木・火・土・金・水に対応する．「えと」という日本での読みは，兄（え）と弟（と）のくり返しに由来する．

じつは，中国では紀元前1300年頃の殷の時代から日付を干支で表して

*8　太陽系内天体に対応した曜日の名前も古代中国から日本に伝わったものであるはずだが，現在の中国語の曜日名は機械的に番号となっている．

表 1.1　曜日と太陽系内天体の対応.

中国語	日本語	英語	フランス語
星期一	月曜（月）	Monday（Moon）	lundi（lune）
星期二	火曜（火星）	Tuesday（Mars）	mardi（Mars）
星期三	水曜（水星）	Wednesday（Mercury）	mercredi（Mercure）
星期四	木曜（木星）	Thursday（Jupiter）	jeudi（Jupiter）
星期五	金曜（金星）	Friday（Venus）	vendredi（Vénus）
星期六	土曜（土星）	Saturday（Saturn）	samedi（Saturne）
星期天	日曜（太陽）	Sunday（Sun）	dimanche（soleil）

おり，干支を年にも付けるようになったのは，紀元前 1 世紀頃かららしい．いずれにせよ，はるか殷の時代から 60 年周期（さらには 60 日周期）が，その位相を保ったままで現在まで伝えられている事実は感銘に値する．壬申の乱は 672 年，戊辰戦争は 1868 年，甲子園球場の竣工は 1924 年である．また，丙午（ひのえうま）にあたる 1966（昭和 41）年の出生数は 136 万人で，前年（182 万人）と翌年（194 万人）に比べて，1/4 以上もの減少を見せるという驚くべき効果を生み出した．

これらは善しも悪しきも，物質の根源が宗教的思想と合わせて当時の宇宙（= 太陽系）の構造に対応させられるとともに，暦として日常生活にも深く根づいてきた証拠にほかならず，本書の根幹をなす微視的世界の階層と巨視的宇宙の階層との関係という観点と深く結び付いている．

1.5　エーテルと宇宙の組成

古代ギリシャでは，地上に存在するすべての物質の根源は，火・水・土・空気の 4 元素からなると考えられていた．一方，天上の世界にある天体はそれらとはまったく異なり，第 5 番目の元素であるエーテル（aether）からなるとされた（図 1.1）．この分類にしたがえば，前者 4 元素は必ず上から下へ落ち，エーテルはつねに上へ昇るという内在的な性質を付与することができる．これは，宇宙の組成を推定したうえで帰納的にそれらの背後にある「自然法則」を突き止める作業だとも言える．

現代的な価値観にしたがえば，このように地上の世界と天空の世界とがまったく異なるものであるとする考え方はきわめてナンセンスだ．ニュートンは，ケプラーの法則から出発して「万有」引力の法則を発見し，地上の林檎と天界の惑星とが同じ法則にしたがうことを示した．つまり，天と地の世界を統一したわけだ．かつて，物理学では光（電磁場）が伝播する媒質を「エーテル」と呼んだ時期があったが，その存在は 1887 年のマイケルソン・モーリーの実験によって否定された．一方，より原義に近い天の世界を満たす「第 5 元素」としてのエーテルの存在は，ニュートンによる万有引力の法則の発見（1665–1666 年頃とされる）によって否定された（少なくともそのような仮定は必要ないことがわかった）と言うべきであろう．現代のわれわれには，物質世界に天と地の区別はないという「民主的な」考え方のほうがずっと自然で受け入れやすい．このように「天と地」の 2 つの異なる世界を認めるのは前近代的・哲学的遺物であるとしか思えない．

このような近代的物理観の洗礼を受けた後で，あえて再度「宇宙を占めて

図 1.1 古代の素粒子的宇宙論（イラスト：いずもり・よう）．

いる物質階層は，地上の物質階層と本当に同じなのだろうか？」という質問を発してみよう．もちろん，その答えはイエス以外考えられまい．20世紀の物理学が成し遂げた最大の業績の1つは，微視的物質世界の階層の解明である．火・水・土・空気の「4元素」は，いずれもより基本的な原子・分子に分割され，さらには，クォークとレプトンという普遍的な素粒子階層に帰着できる．また，第5元素とされたエーテルは存在せず考える必要がない．このように微視的物質世界の階層がすっきり説明されている以上，宇宙の物質階層がそれとは異なる組成をもつことなどあり得まい．

しかしこのきわめて常識的な予想に反して，20世紀最後の数年間で観測的宇宙論が導いた答えは「ノー」であった．宇宙の95％は，地上の既知の物質とは異なる何ものか（ダークマターとダークエネルギーと呼ばれている）によって占められているようだ．のみならず，第5章でくわしく説明するように，このダークエネルギーはある意味では現代版エーテルと解釈することもできる．このように，巨視的宇宙の果てを観測することによって，微視的世界の新しい階層の存在が明らかにされつつあるのだ．以下では，自然界に存在する「ものの大きさ」を手がかりとして，世の中の階層をたどりつつそれらの相互関係を考えることで，現在の物理学が探り当てた世界観を紹介してみたい．

第2章　微視的世界の階層

自然界にはさまざまな階層が存在する．もともとは儒教において社会の主な職業的構成要素をさす概念だったとされる「士農工商」は今日では死語となっている一方で，「法医工文」が残っていたりする．これらは社会学的な階層の例であるが，どうやら人間は階層を本質的に好む習性をもつようだ．

さて，本書が対象とする自然界における階層構造は，生物，物質，宇宙において顕著となる．生物は，遺伝子・細胞・器官・個体・個体群・生態系という階層を構成しており，各階層がさらに細かい階層をなしている．物質は，素粒子（クォークとレプトン）・核子・原子核・原子・分子という明確な階層をもつ．宇宙もまた，惑星・恒星・惑星系・銀河・銀河群・銀河団・超銀河団という階層構造からなる．まず本章では，物質の微視的スケールにおける階層について概観してみよう．

2.1　物理法則を特徴づける基本物理定数

少し大げさな言い方かもしれないが，自然界は物理法則によって支配されている．物理法則とは，まさに森羅万象にわたる広範な自然界の摂理をさすのだが，とくに簡単で具体的な例は次の2つだろう．

(i) 重力の逆二乗則：距離 r にある質量 m_1, m_2 の2質点間に働く重力の大きさは重力定数 G を用いて

$$F_{12} = \frac{Gm_1m_2}{r^2}. \tag{2.1}$$

(ii) クーロンの法則：電荷 q_1e, q_2e（e は素電荷）をもち距離 r にある2質

点間に働く静電気力の大きさは[*1]

$$F_{12} = \frac{q_1 q_2 e^2}{r^2}. \tag{2.2}$$

(2.1) 式と (2.2) 式は，それぞれ重力と電磁気力という古典物理学を支配する2つの相互作用（力と言ってもよい）を表す．また，これらを比べると，重力定数 G に対応する e^2 が電磁気力の強さを表す定数であることがわかる．このような力の表式とは異なるが，

(iii) 光速度一定の原理：真空中を伝わる光はどのような座標系から観測してもその速度 c は一定である．これは光速を超えて情報を伝えることは原理的に不可能であるという因果律の存在を意味する．

(iv) ド・ブロイ波： 運動量 p の粒子は，波長

$$\lambda \equiv \frac{h_{\mathrm{P}}}{p} = \frac{2\pi\hbar}{p} \tag{2.3}$$

に対応する波としての性質も合わせもつ．ここで h_{P} はプランク定数，$\hbar \equiv h_{\mathrm{P}}/(2\pi)$ は換算プランク定数と呼ばれる基本物理定数である[*2]．

なども また，広義の物理法則と呼べるかもしれない．実際これらはそれぞれ，古典力学から，相対論と量子論への橋渡しの役割をする．

これらの例のように，物理法則には，ニュートンの重力定数 G，光速 c，プランク定数 h_{P}（あるいは換算プランク定数 $\hbar$）などの基本物理定数が登場する．

光速 c はエネルギーが高い物理現象（相対論的と呼ばれる）を記述する特殊相対論に登場し，$c \to \infty$ という極限が通常の（非相対論的）ニュートン力学に対応する．$\hbar$ は粒子が波としても振る舞う量子論的性質が現れる場合

---

*1 天文学では今でも伝統的に cgs 単位系を用いることが多く，この式の係数も SI 単位系の場合とは異なっている．ここでは，素電荷は $e = 4.8 \times 10^{-10}$ 静電単位という値をもつことに注意．

*2 換算とはいささか変な日本語だが，reduced という英語の訳で，ある物理量を 2π で割ったものをさす．対応する記号に斜め線をつけて表すことが多い．たとえば，波長 λ に対応する換算波長は $\lambda\!\!\!^{-} \equiv \lambda/(2\pi)$ である．また，プランク定数は通常 h と表記されることが多いが，宇宙論では後述の無次元のハッブル定数を h で表すことが慣用であるため，本書では，下添字 p をつけた h_{P} をプランク定数として用いる．

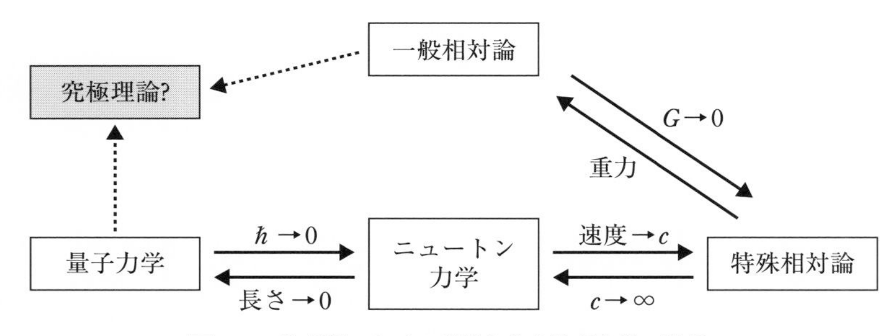

図 2.1 物理学における理論と基本物理定数の関係.

に顔を出す定数で，古典物理学は $\hbar \to 0$ の極限に対応する．G および e はそれぞれ重力と電磁気力の強さを特徴づける定数である．特殊相対論を一般化し，重力を含む理論に拡張したものが一般相対論である．微視的世界を記述する量子力学と，巨視的世界を記述する一般相対論を無矛盾に統一する理論の構築は困難であり，いまだ成功していない．その未完の体系は，量子重力理論と呼ばれ，この世界を支配する究極理論あるいは万物理論（Theory of Everything）と言える．これらの関係を図 2.1 にまとめておく．

2.2 基本物理定数とプランクスケール

基本物理定数は，実際にはある次元をもつ数値であるが（表 2.1 参照），それらを組み合わせれば特定の次元をもつ数値が導かれる．具体的には，質量，長さ，時間の次元をそれぞれ M, L, T で表したとき，G, $\hbar$, c の 3 つは，

$$\begin{cases} G = L^3 M^{-1} T^{-2}, \\ \hbar = L^2 M^1 T^{-1}, \\ c = L^1 T^{-1} \end{cases} \tag{2.4}$$

という次元をもっている．したがって，これらを組み合わせて，質量，長さ，時間という，基本的次元をもつ量が計算できる．その数値は基本物理定数だけによって決まる値という意味で，（われわれの）自然界を特徴づけるものと解釈され，プランクスケールと呼ばれる．たとえば，質量の次元をも

つプランク質量 $m_{\rm pl}$ の表式を得るには，(2.4) 式を用いて，

$$m_{\rm pl} = G^{\alpha}\,\hbar^{\beta}\,c^{\gamma} = L^{3\alpha+2\beta+\gamma}\,M^{-\alpha+\beta}\,T^{-2\alpha-\beta-\gamma} \tag{2.5}$$

から，連立一次方程式：

$$3\alpha + 2\beta + \gamma = 0, \quad -\alpha + \beta = 1, \quad -2\alpha - \beta - \gamma = 0 \tag{2.6}$$

を満たす α, β, γ の組を求めればよい．(2.6) 式の解は，$\alpha = -1/2$, $\beta = \gamma = 1/2$ なので，プランク質量は $m_{\rm pl} \equiv \sqrt{\hbar c/G}$ で表される．同様にして，プランク長さ $\ell_{\rm pl} \equiv \sqrt{\hbar G/c^3}$，プランク時間 $t_{\rm pl} \equiv \sqrt{\hbar G/c^5}$ が定義される．

さらに，質量 m とエネルギー E が等価であることを示す有名なアインシュタインの関係式：

$$E = mc^2 \tag{2.7}$$

を用いれば，プランクエネルギー：

$$\varepsilon_{\rm pl} = m_{\rm pl} c^2 \tag{2.8}$$

が定義できる．同じく，プランク密度は

$$\rho_{\rm pl} \equiv \frac{m_{\rm pl}}{\ell_{\rm pl}^3} = \frac{c^5}{\hbar G^2}, \tag{2.9}$$

プランク温度は，ボルツマン定数 $k_{\rm B}$ を用いて

$$T_{\rm pl} \equiv \frac{\varepsilon_{\rm pl}}{k_{\rm B}} = \sqrt{\frac{\hbar c^5}{G k_{\rm B}^2}} \tag{2.10}$$

となる．ここまで登場した基本物理定数とプランクスケールの表式，およびそれらの数値を，表 2.1 にまとめておく．

ところで，物理定数の数値まで含めて物理法則と呼ぶべきなのか，あるいは，物理定数の数値は物理法則とは独立に（たとえば，宇宙が誕生するときの初期条件として）決まるものなのかはわからない．前者の考えに立てば，プランクスケールは，自然の摂理で決まる原理的なスケールであるし，後者によれば，（数多く存在するかもしれない多くの異なる宇宙のなかで「たまたま」選ばれた）われわれの宇宙を特徴づけるスケール，と解釈すべきだろう．そもそも宇宙の起源までさかのぼって考え始めると，物理法則と宇宙の

表 **2.1** 基本物理定数とプランクスケール.

記号	名称	数値	表式
G	重力定数	$6.67 \times 10^{-8}\ \mathrm{cm^3g^{-1}s^{-2}}$	
h_{P}	プランク定数	6.63×10^{-27} ergs	
$\hbar$	換算プランク定数	1.05×10^{-27} ergs	
c	光速度	$3.00 \times 10^{10}\ \mathrm{cms^{-1}}$	
k_{B}	ボルツマン定数	$1.38 \times 10^{-16}\ \mathrm{ergK^{-1}}$	
m_{pl}	プランク質量	2.18×10^{-5} g	$\sqrt{\hbar c/G}$
ℓ_{pl}	プランク長さ	1.62×10^{-33} cm	$\sqrt{\hbar G/c^3}$
t_{pl}	プランク時間	5.39×10^{-44} s	$\sqrt{\hbar G/c^5}$
$\varepsilon_{\mathrm{pl}}$	プランクエネルギー	1.22×10^{19} GeV	$\sqrt{\hbar c^5/G}$
T_{pl}	プランク温度	1.42×10^{32} K	$\sqrt{\hbar c^5/(Gk_{\mathrm{B}}^2)}$
ρ_{pl}	プランク密度	$5.16 \times 10^{93}\ \mathrm{gcm^{-3}}$	$c^5/(\hbar G^2)$

表 **2.2** 質量，エネルギー，温度の単位換算表.

	eV	K	erg	g
eV	——	1.16×10^4 K	1.60×10^{-12} erg	1.78×10^{-33} g
K	8.62×10^{-5} eV	——	1.38×10^{-16} erg	1.54×10^{-37} g
erg	6.24×10^2 GeV	7.24×10^{15} K	——	1.11×10^{-21} g
g	5.61×10^{23} GeV	6.51×10^{36} K	8.99×10^{20} erg	——

初期条件との間のどこに線引きをすべきかよくわからなくなってしまう．この話はきりがないほど面白い話題なので，続きは 6 章でくわしく論じたい．

さて物理学では，「電子の質量は 0.511 MeV である」「典型的な銀河団ガスの平均温度は 3 keV である」，といったように，質量や温度に対しても本来はエネルギーの単位である eV（電子ボルト）を使うことが多い．ここで G（ギガ）は 10^9，M（メガ）は 10^6，k（キロ）は 10^3 倍を意味する接頭辞である．これらの単位間の換算式は以下のように計算できる．

$$\begin{aligned} 1[\mathrm{eV}] &= e[\mathrm{C}] \times [\mathrm{V}] = 1.60217653 \times 10^{-19}[\mathrm{J}] \\ &= 1.60217653 \times 10^{-12}[\mathrm{erg}], \end{aligned} \tag{2.11}$$

$$\begin{aligned} 1[\mathrm{eV}] &= \frac{1[\mathrm{eV}]}{k}[\mathrm{K}] = \frac{1.60217653 \times 10^{-12}[\mathrm{erg}]}{1.3806505 \times 10^{-16}[\mathrm{erg/K}]}[\mathrm{K}] \\ &= 1.1604505 \times 10^4[\mathrm{K}], \end{aligned} \tag{2.12}$$

$$1[\mathrm{g}] = c^2[\mathrm{erg}] = (2.99792458 \times 10^{10})^2[\mathrm{erg}]$$
$$= 8.987551787 \times 10^{20}[\mathrm{erg}]. \qquad (2.13)$$

これらの換算率を表 2.2 にまとめておく．たとえば 1eV とは，温度にして 1.2×10^4K，エネルギーにして 1.6×10^{-12}erg，質量にして 1.8×10^{-33}g に対応することがわかる．このように同じ単位を用いることで，それらの相対的な大きさが理解しやすくなる（この目的だけから言えば別に eV でなく，erg や g に統一してもよさそうなものであるが，それらは基礎物理過程を考える単位としては大きすぎて不便なのである）．

2.3 物質を分割する

世の中には多様な物質がさまざまな形態で存在している．それらは互いに独立なものではなく，背後に潜んでいる少数の基本構成要素の組み合わせの結果なのではないかと想像することは，ごく自然であろう．事実，古代ギリシャには空気・土・火・水の 4 元素説，古代中国には木・火・土・金・水の陰陽五行説が存在したことは 1.5 節ですでに述べた．古代インドにも，物質は地・水・火・風の四大（しだい）から構成されるという考えや，人間は地・水・火・風・苦・楽・霊魂の 7 つからなり，生物は地・水・火・風・苦・楽・霊魂・虚空・得・失・生・死の 12 の要素からなるという説も存在していた．しかし，これらはいずれも思弁的・抽象的な考え方のレベルを出ていない．

より近代的な原子論に近い思想を明確に示したのは，古代ギリシャの哲学者デモクリトス（紀元前約 460-紀元前 370）が最初であるとされている．彼は，すべての物質は共通の基本的構成単位をもっており，それらの組み合わせと相互作用の結果としてわれわれの認識する世界の多様性が生み出されていると考えた．ちなみに，「原子」に対応する英語，アトム（atom）の語源は，ギリシャ語の $\alpha\tau o\mu o\varsigma$ であり，分割できる（$\tau o\mu o\varsigma$）の否定（α），つまり，これ以上分割できないものを意味する．

思弁的概念でしかなかった「原子」が実在することを示す現代的な意味での原子論は，英国のジョン・ドルトン（1766-1844）によって提案された．2020 年時点でおよそ 120 種類もの元素の存在が確認されており，国際純正・応用化学連合において 118 番元素までの正式名称が承認されている．1869 年，ロシアの化学者ドミトリ・メンデレーエフ（1834–1907）は元素の性質が示す規則性に従って分類する配列法を提案し，それが基本的には現在まで周期表として広く用いられている（図 2.2）．安定元素が存在するのは 82 番の鉛までで，それ以降は放射性不安定元素である．また天然に存在するのは 94 番のプルトニウム（Pu）までで，それを超える原子番号の元素はすべて原子核反応実験によって人工的に発見されたものだ．2004 年に理化学研究所の森田浩介氏の率いるグループが 113 番元素を発見したため日本が初めて命名権を取得し，2016 年 11 月に正式にニホニウム（Nh）と名付けられた．

1 H																	2 He
3 Li	4 Be											5 B	6 C	7 N	8 O	9 F	10 Ne
11 Na	12 Mg											13 Al	14 Si	15 P	16 S	17 Cl	18 Ar
19 K	20 Ca	21 Sc	22 Ti	23 V	24 Cr	25 Mn	26 Fe	27 Co	28 Ni	29 Cu	30 Zn	31 Ga	32 Ge	33 As	34 Se	35 Br	36 Kr
37 Rb	38 Sr	39 Y	40 Zr	41 Nb	42 Mo	43 Tc	44 Ru	45 Rh	46 Pd	47 Ag	48 Cd	49 In	50 Sn	51 Sb	52 Te	53 I	54 Xe
55 Cs	56 Ba	57-71 ランタノイド	72 Hf	73 Ta	74 W	75 Re	76 Os	77 Ir	78 Pt	79 Au	80 Hg	81 Tl	82 Pb	83 Bi	84 Po	85 At	86 Rn
87 Fr	88 Ra	89-103 アクチノイド	104 Rf	105 Db	106 Sg	107 Bh	108 Hs	109 Mt	110 Ds	111 Rg	112 Cn	113 Nh	114 Fl	115 Mc	116 Lv	117 Ts	118 Og

ニホニウム

ランタノイド	57 La	58 Ce	59 Pr	60 Nd	61 Pm	62 Sm	63 Eu	64 Gd	65 Tb	66 Dy	67 Ho	68 Er	69 Tm	70 Yb	71 Lu
アクチノイド	89 Ac	90 Th	91 Pa	92 U	93 Np	94 Pu	95 Am	96 Cm	97 Bk	98 Cf	99 Es	100 Fm	101 Md	102 No	103 Lr

図 **2.2**　元素の周期表．

図 2.3 は，太陽近傍に存在する元素の個数密度（太陽表面のスペクトルや隕石の組成分析から推定したもの）を水素の個数密度で規格化したものである．この図からわかるように，太陽近傍では水素が圧倒的に多く，ヘリウムと合わせて物質のほとんどを占める．残りの元素は量としてはわずかしかないが，いずれも生命にとって重要なもので，それらの大半は炭素と酸素である．一方，地球のマントルは太陽とはかなり違った組成をもつ（表 2.3）．

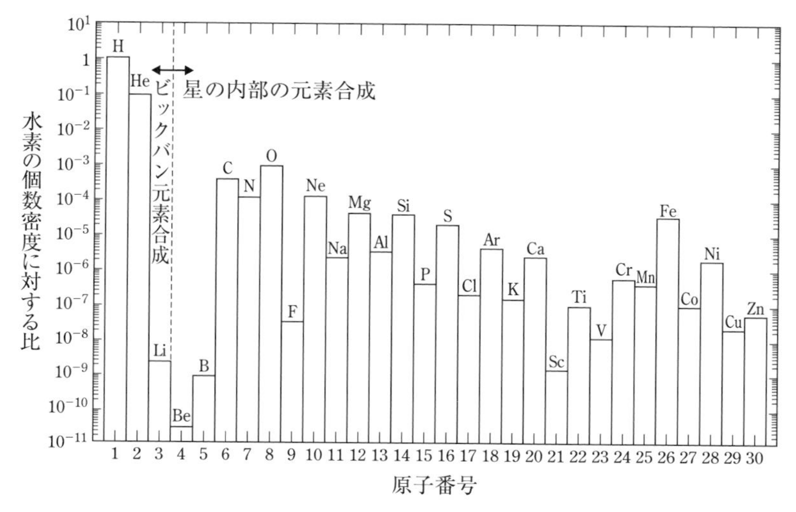

図 **2.3** 太陽近傍に存在する元素の個数存在比．国立天文台編『理科年表 2021』（丸善，2020）をもとに作成．

表 **2.3** 太陽，地球のマントル，海水，人体を構成する代表的な元素の相対的質量存在比．

太陽	(%)	地球のマントル	(%)	海水	(%)	人体	(%)
水素	70.7	酸素	48.9	酸素	85.8	酸素	65
ヘリウム	27.4	珪素	26.3	水素	10.8	炭素	18
酸素	0.96	アルミニウム	7.7	塩素	1.9	水素	10
炭素	0.31	鉄	4.7	ナトリウム	1.1	窒素	3
ネオン	0.17	カルシウム	3.4	マグネシウム	0.13	カルシウム	1.5
鉄	0.14	ナトリウム	2.7	硫黄	0.09	リン	1.2
窒素	0.11	カリウム	2.4	カルシウム	0.04	カリウム	0.2
珪素	0.07	マグネシウム	2.0	カリウム	0.04	硫黄	0.2
マグネシウム	0.07	(水素	0.74)	臭素	0.007	塩素	0.2
硫黄	0.04	(炭素	0.02)	炭素	0.003	ナトリウム	0.1

（　）で示している地球マントルの水素と炭素以外は存在比の順に並べてある．

さらに，地球のコアは，このいずれとも異なり，鉄とニッケルを主成分とする．これらの違いは，太陽は太陽系形成時の初期組成をそのままとどめている一方で，地球のような惑星はまず岩石成分を主としたコアの誕生から始まり，その後水素や炭素のような元素が彗星によってもち込まれたとすれば理解できる．

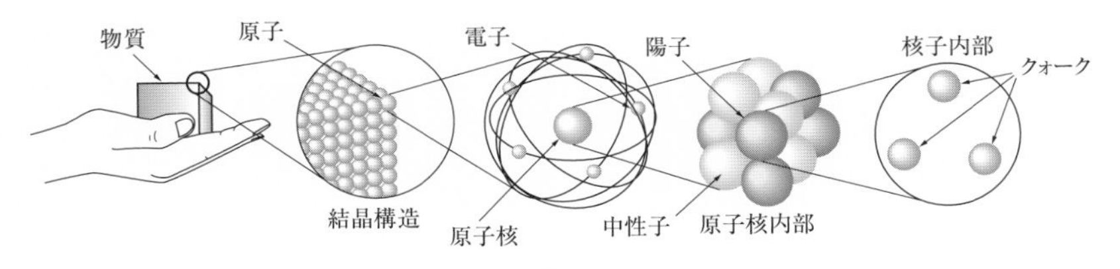

図 **2.4**　微視的世界の階層．物質からクォークへ．

現在では，原子はけっして「分割できないもの」ではなく，原子核とその周りを回る電子に分割できることがわかっている．その原子核は，核子と総称される陽子と中性子からなる．さらに，核子を構成するクォークが，これ以上分割できない物質の最小構成要素「素粒子」であると考えられている．以下，図 2.4 に示すような微視的世界の各階層をそのスケールにそってくわしく見ていこう．

2.4　原子と原子核

19 世紀，ドルトンは化学反応における質量保存および定比例の法則という現象論的な法則をもとに，それまでは思弁的な概念であった原子の実在を主張した．20 世紀になると，原子が「点粒子」ではなく内部構造をもつことが認識され始めた．英国の J・J・トムソン（1856–1940）は 1903 年，一様に正に帯電した広がった球の内側に負電荷の電子が分布しているぶどうパン的な「トムソンの原子モデル」を提案した．一方，長岡半太郎（1865–1950）は，負電荷の電子が正電荷球の外側に配列し一様な角速度で回転しているとする「長岡の（土星型）原子模型」を提案した．これは 1903 年 12 月 5 日の東京数学物理学会の会合で講演，その後 1904 年 2 月 2 日発行の学会誌『TokyoSugaku-Butsurigakukwai kiji-gaiyo』に論文として発表された（図 2.5）．

さらに英国のアーネスト・ラザフォード（1871–1937）は，1909 年のガイガーとマースデンによる金属箔通過時の α 線の散乱実験結果から，正電荷が原子全体に広がっているようなトムソンの原子モデルではなく，正電荷が原子の中心に集中しているとする「ラザフォードの原子モデル」を提案

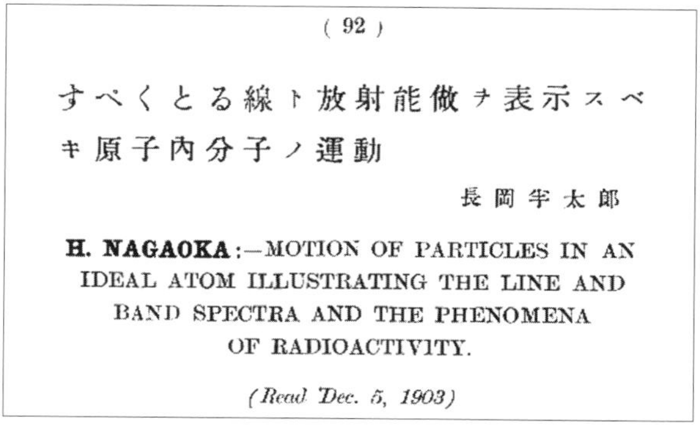

(92)

すぺくとる線ト放射能倣ヲ表示スベキ原子内分子ノ運動

長岡半太郎

H. NAGAOKA:—MOTION OF PARTICLES IN AN IDEAL ATOM ILLUSTRATING THE LINE AND BAND SPECTRA AND THE PHENOMENA OF RADIOACTIVITY.

(Read Dec. 5, 1903)

図 2.5 長岡の原子模型が発表された論文「すぺくとる線ト放射能倣ヲ表示スベキ原子内分子ノ運動」の表題. Nagaoka, H.,『TokyoSugaku-Butsurigakukwai kiji-gaiyo』**2** (1903) 92 より.

した (1911 年).「土星型」という言葉からもわかるように, 長岡模型は中心の正電荷球が十分小さいことを主張するものではなかったようだ. この意味で, 原子の中心部にきわめて小さな原子核が存在することを実験的に「発見」したのはラザフォードである. そのラザフォードの原子モデルを物理的に深く考察し, 量子論へとつながるモデルをつくり出したのは, 当時彼のもとで研究をしていたデンマークのニールス・ボーア (1885–1962) であった.

ここで, ボーアの原子モデルにしたがって, 原子の典型的サイズを計算してみよう. もっとも簡単な水素原子を考えて, 中心の陽子の周りを電子が公転しているという古典的な[*3]イメージから出発する (図 2.6). 電子の質量を m_{e}, 電荷を e とすれば, 中心から半径 r の軌道を速度 v で公転している電子に対する遠心力と電気力のつりあいの条件は

$$m_{\mathrm{e}}\frac{v^2}{r} = \frac{e^2}{r^2} \tag{2.14}$$

となる. じつは, 古典的にはこのような運動をしている電荷は電磁波を放出してエネルギーを失い, ただちに中心に落ち込んでしまうはずである. 当然, このモデルは物理的には本来棄却されるべきであった. にもかかわら

*3 物理学では量子論的効果を考慮しない (あるいは無視できる) 場合を, 古典的あるいは古典論と呼ぶ.

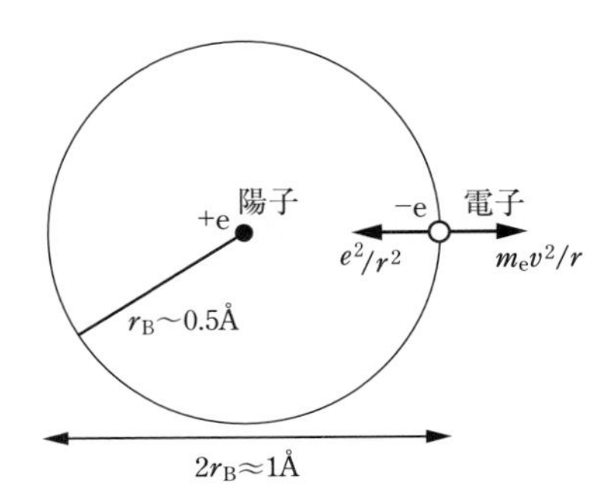

図 **2.6** 陽子と電子からなる古典的な水素原子のイメージ.

ず，ボーアは「電子の軌道半径は連続的な値をとるのではなく，ある離散的な値のみが許される．さらに，そのような定常状態での電子の運動は古典力学で記述できる」という信じがたいほど大胆な仮説をもち込んだ．彼が仮定した「定常状態」とは，軌道の周の長さが電子のド・ブロイ波長（(2.3) 式）の正の整数倍：

$$2\pi r = n\lambda = n\frac{h_P}{m_e v} \tag{2.15}$$

という条件で表される（n は正の整数）．ただし，ルイ・ド・ブロイ（1892-1987）が，すべての粒子は同時に波動としての性質もあわせもつとする「物質波」の考えを導入したのは 1923 年であり，ボーアの原子モデルが発表されたのは，それより 10 年早い 1913 年だった．

(2.14) 式と (2.15) 式から v を消去すれば，定常状態での軌道半径は

$$r_n = n^2 r_B \tag{2.16}$$

という離散的な値しかとることができない．ここで，ボーア半径 r_B は

$$r_B \equiv \frac{\hbar^2}{m_e e^2} \approx 0.53\ \text{Å} \tag{2.17}$$

によって定義される．(2.16) 式が軌道半径の量子化であり，n は量子数と呼ばれる．この結果を信じるならば，原子の典型的な大きさはボーア半径 $r_B \approx 0.5$ Å となる．たとえばわれわれの日常的な物質世界のスケールを 1 cm だとすると，これはそれよりも約 8 桁下という微視的世界での話である

が，今では電子顕微鏡を用いて直接「見る」ことが可能なスケールとなっている．

(2.16) 式に対応して，水素原子の全エネルギーもまた量子化され，

$$E_n = \frac{m_e v^2}{2} - \frac{e^2}{r_n} = -\frac{e^2}{2r_n} = -\frac{m_e e^4}{2n^2\hbar^2} \sim -\frac{13.6}{n^2}\,\mathrm{eV} \tag{2.18}$$

という離散的なエネルギー準位の値だけが許される．このように（古典論によれば）連続的な任意の値をとるはずの物理量が，微視的世界では離散的な値に限られる．これを量子化と呼ぶ．ただし上述の議論は古典論にもとづいているため，厳密には正しくない．これらの現象をより適切に記述する理論体系が量子力学[*4]である．

2.5 電磁波と光子

水素原子のエネルギー準位を与える (2.18) 式の物理的な意味を理解するには，さらに説明を付け加える必要がある．まず符号が負であることから，ある量子数 n に対応した軌道を運動する電子は，この系（水素原子）に束縛されており基本的には安定していることがわかる．また，エネルギーは n に関して単調に増加する（エネルギーの絶対値は n に関して単調減少）．つまり，この電子がなんらかの理由でエネルギーを失った場合には，量子数が n の軌道から，より内側にある $n'(<n)$ の軌道へ移ることが予想される．じつはこの場合に失うエネルギーが，特徴的なエネルギー $E_{n\to n'}$ をもつ電磁波の放射に対応する．

さて量子論によれば，電磁波は周波数 ν あるいは波長 λ[*5]で特徴づけられる波動的性質をもつと同時に，エネルギー ε をもつ粒子的な性質をも示す．後者の観点に立てば，電磁波はさまざまな ε をもつ光の粒子，すなわち，光子の集まりとみなすことができる．電磁波のもつ性質 (ν) と，光子のもつ粒子的な性質 (ε) の関係をつなぐものが

*4　たとえば，拙著『解析力学・量子論　第2版』（東京大学出版会，2019）を参照のこと．

*5　真空中を伝播する電磁波は，周波数を ν，波長を λ としたとき，$\nu\lambda = c$ という関係を満たす．

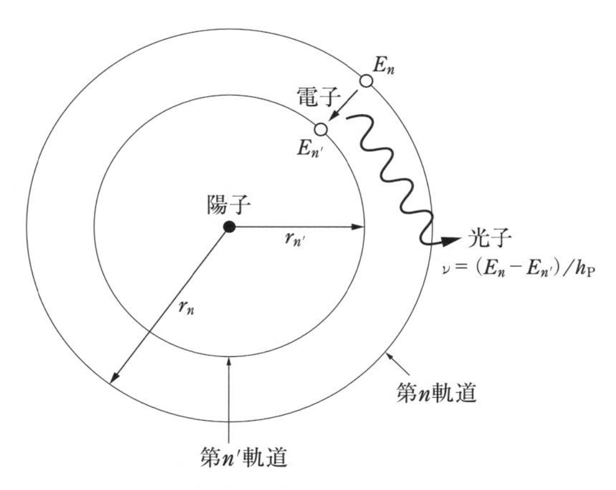

図 **2.7**　水素原子と特性スペクトル．

$$\varepsilon = h_{\mathrm{P}}\nu = h_{\mathrm{P}}\frac{c}{\lambda} \tag{2.19}$$

である．これを用いれば，電子が水素原子の異なる軌道の間を遷移する際に，原子から放射される電磁波の波長は

$$E_{n\to n'} = E_n - E_{n'} = h_{\mathrm{P}}\nu_{n\to n'} = h_{\mathrm{P}}\frac{c}{\lambda_{n\to n'}} \tag{2.20}$$

と計算できる（図 2.7）．具体的に数値を代入してみれば

$$\lambda_{n\to n'} = \frac{2hc}{e^2}\frac{r_n r_{n'}}{r_n - r_{n'}} = \frac{4\pi}{\alpha_{\mathrm{E}}}r_{\mathrm{B}}\frac{n^2 n'^2}{n^2 - n'^2} \approx 911\frac{n^2 n'^2}{n^2 - n'^2}\ \text{Å} \tag{2.21}$$

となる．ここで登場する

$$\alpha_{\mathrm{E}} = \frac{e^2}{\hbar c} \approx 7.3\times 10^{-3} \approx \frac{1}{137} \tag{2.22}$$

は微細構造定数と呼ばれ，電磁相互作用の強さを特徴づける無次元物理定数であるとともに，本書の主役の一人でもある．水素原子のエネルギー準位 (2.18) 式も，微細構造定数を用いれば

$$E_n = -\frac{\alpha_{\mathrm{E}}^2 m_{\mathrm{e}} c^2}{2n^2} \tag{2.23}$$

と書き直すことができる．

(2.21) 式からわかるように，水素原子から放射される電磁波の波長の特

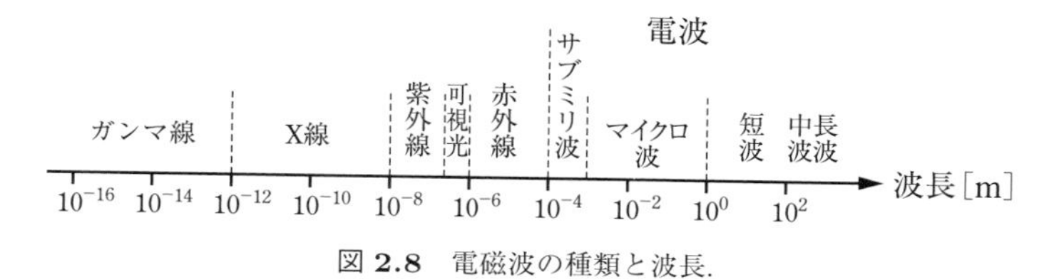

図 **2.8** 電磁波の種類と波長.

表 **2.4** 電磁波の分類.

名前		特徴的スケール	例
ガンマ線		> 1 MeV	
X 線	(硬 X 線)	10 keV–1 MeV	レントゲン撮影
	(軟 X 線)	0.110 keV	物質構造解析
紫外線		100–3000 Å	日焼け
可視光		3800–7700 Å	太陽光, 虹の七色
赤外線	(近赤外線)	1–3 μm	家電機器リモコン
	(中間赤外線)	3–30 μm	
	(遠赤外線)	30–100 μm	備長炭, サウナ
電波	(サブミリ波)	0.1–1 mm	
	(マイクロ波)	3–30 GHz	電子レンジ (2.45 GHz)
			無線 LAN (2.4 GHz, 5 GHz)
			宇宙マイクロ波背景輻射
	(極超短波)	300 MHz–3 GHz	UHF テレビ放送
			携帯電話 (1–2 GHz)
	(超短波)	30–300 MHz	VHF テレビ放送
			FM ラジオ放送
	(短波)	3–30 MHz	短波ラジオ放送
	(中波)	300 kHz–3 MHz	AM ラジオ放送
	(長波)	30–300 kHz	電波時計

徴的な大きさ (下限値) は $4\pi r_{\mathrm{B}}/\alpha_{\mathrm{E}} \sim 1000$ Å で, これは紫外線と呼ばれる波長帯に対応する. 電磁波は歴史的な理由によって, その波長帯に応じて異なる名前がつけられている (図 2.8). 人間が肉眼で「見る」ことのできる可視域の電磁波の波長は 3800–7700 Å 程度で, 当然のことながら天文学はこの波長帯から誕生した. しかし, 現在では図 2.8 および表 2.4 に示したすべての波長帯にわたって天文学が活発に展開されている. ただし, これらの名称の境界は必ずしも厳密なものではない. また, 特徴的スケールを, エネルギー, 波長, 周波数のどれを用いて表現するかという慣用も波長帯ごとに

異なっている（表 2.4）.

典型的な波長がボーア半径以下となるX線，さらには，電子の静止質量とほぼ同じ大きさのエネルギーをもつガンマ線となると，波動というよりもむしろ光子という粒子的な描像のほうがしっくりするかもしれない．一方，波長が長い電波はまさに波というイメージである．当然，このような粒子性が強いかあるいは波動性が強いかというエネルギーによる違いは，それぞれの電磁波の観測方法に大きな違いを生み出すし，得意とする観測対象の天体もまた異なる．この相補性こそが多波長帯にわたって天文観測を行うことの本質的な意義である．

2.6 電子とコンプトン散乱

物質を構成する微視的世界の階層において，これ以上分割できないもっとも基本的な構成要素を素粒子と呼ぶ．古典的描像によれば，水素原子は中心の陽子とその周りを回る電子からなる．電子は素粒子であると考えられているものの，陽子自身は素粒子ではなく，クォークと呼ばれる素粒子からなる複合粒子である（2.7 節参照）.

ところで，素粒子は有限の大きさをもたないと言われることが多い．しかし，「果たして厳密に大きさのないものが実在し得るのか」という哲学的な問いは当然考えられよう．一方，「もしも有限のサイズをもつとするならばそれは内部構造をもちさらに分割できることになるのではないか」という考えもまた自然と言える．つまりこのままでは禅問答に陥る可能性がある．そもそもすべての実在は量子論的な意味で波であり，数学的な意味での点（粒子）ではないというのが1つの解釈である．とはいえ，これは量子論における観測という大問題にかかわっており，きわめて厄介である．したがって「現在知られている素粒子はすべて，そのサイズが実験的に観測できないほど小さい（上限値だけが与えられている）」程度に表現しておくべきなのかもしれない．

いずれにせよ実際には，電子の「性質」を特徴づける長さとしては，次の2つがよく用いられる．

古典電子半径：

$$m_e c^2 = \frac{e^2}{r_e} \quad \to \quad r_e = \frac{e^2}{m_e c^2} = \alpha_E^2 r_B \approx 2.8 \times 10^{-13}\,\mathrm{cm}. \tag{2.24}$$

電子の換算コンプトン波長：

$$\lambda_e = \frac{\hbar}{m_e c} = \alpha_E r_B \approx 3.9 \times 10^{-11}\,\mathrm{cm}. \tag{2.25}$$

(2.24) 式は，電子の静止質量がその静電ポテンシャルエネルギーに等しいとおいたときに得られるサイズであり，実際に電子が光子と衝突する際にもつ実効的な大きさであると考えてよい．「古典」という言葉がついていることからもわかるように，$\hbar$ を含んでおらず，量子論的なものではなく古典論の範囲で得られた概念であることがわかる．

一方，(2.25) 式は以下の考察から得られる．波長 λ の X 線を結晶に照射すると，その入射方向から角度 θ の方向に散乱した成分の波長が

$$\lambda' = \lambda + 2\pi\lambda_e(1 - \cos\theta) \tag{2.26}$$

と変化する．これはコンプトン散乱と呼ばれる現象で，光子（X 線）が粒子的に振る舞い，結晶中の電子と衝突していることを示す重要な実験的証拠である．そのため (2.26) 式に登場する λ_e は（換算）コンプトン波長と呼ばれている[*6]．コンプトン波長は $\hbar$ を含んでいるので電子の波動性に関連した量子論的スケールに対応すること，さらに c を含んでいるので相対論的現象に関係していることが予想できる．以下，コンプトン散乱における (2.26) 式を具体的に導いておく．

特殊相対論によれば，運動量 p，質量 m の粒子のエネルギーは，

$$E = \sqrt{(pc)^2 + (mc^2)^2} \tag{2.27}$$

で与えられる．これからわかるように，pc と静止エネルギー mc^2 の大小関係によって次の 2 つの近似的表式が得られる．

---

*6 (2.26) 式の右辺第 2 項に係数 2π がついている理由は，λ_e が換算コンプトン波長に対応するからであるが，以下ではそれを省略して単にコンプトン波長と呼ぶ．

$$E \approx pc \quad (p \gg mc : \text{相対論的極限}), \tag{2.28}$$

$$E \approx mc^2 + \frac{p^2}{2m} \quad (p \ll mc : \text{非相対論的極限}). \tag{2.29}$$

(2.28) 式は考えている粒子の質量がその運動量に比べて無視できる場合で，相対論的粒子と呼ばれる．(質量をもたない) 光子はまさにその代表例で，

$$E = h_{\mathrm{P}}\nu \quad \rightarrow \quad p = \frac{E}{c} = \frac{h_{\mathrm{P}}\nu}{c} = \frac{h_{\mathrm{P}}}{\lambda} \tag{2.30}$$

という関係式が厳密に成り立つ．一方，(2.29) 式は通常のニュートン力学に対応しており，右辺第 1 項が静止エネルギー，第 2 項が運動エネルギー (粒子の速度 v を用いれば $p^2/2m = mv^2/2$) である．このような粒子は非相対論的粒子と呼ばれる．

これらの表式を用いれば，(2.26) 式は簡単に導かれる．図 2.9 のように，左から入射した運動量 $p = h_{\mathrm{P}}\nu/c$ の X 線が，静止していた電子に衝突して角度 θ の方向に運動量 $p' = h_{\mathrm{P}}\nu'/c$ で散乱したとする．このとき，静止していた電子が運動量 p_{e} で跳ね飛ばされたとすれば，次の運動量保存則が得られるはずだ．つまり，

$$p_{\mathrm{e}}^2 = p^2 + p'^2 - 2pp'\cos\theta \tag{2.31}$$

が成り立つ．この式と，エネルギー保存則：

$$pc + m_{\mathrm{e}}c^2 = \sqrt{(m_{\mathrm{e}}c^2)^2 + (p_{\mathrm{e}}c)^2} + p'c \tag{2.32}$$

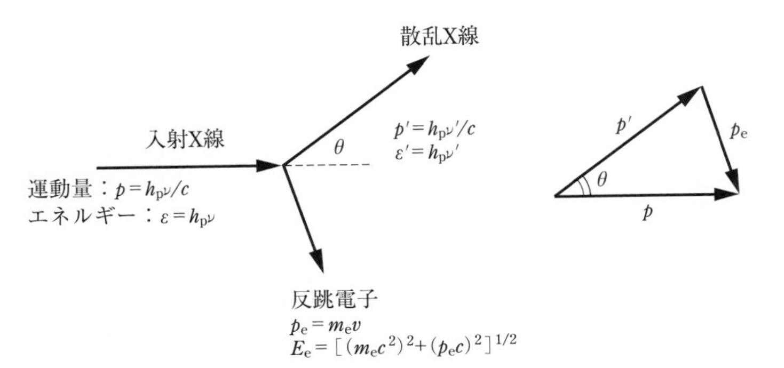

図 **2.9**　X 線と電子のコンプトン散乱．

から，p_{e} を消去すれば簡単な計算によって

$$\frac{1}{p'} - \frac{1}{p} = \frac{1}{m_{\mathrm{e}}c}(1 - \cos\theta) \tag{2.33}$$

が導かれる．光子に対して成り立つ（2.30）式を代入すれば，（2.33）式は

$$\lambda' - \lambda = \frac{h_{\mathrm{P}}}{m_{\mathrm{e}}c}(1 - \cos\theta) = 2\pi\lambda\!\!\!^{-}_{\mathrm{e}}(1 - \cos\theta) \tag{2.34}$$

となり，（2.26）式に帰着する．この式からわかるように，θ が大きくなるほど散乱された光子の波長は長くなる．

コンプトン波長には別の物理的意味を与えることもできる．電子を例にとれば，（2.28）式と（2.29）式の境となるのは $p = m_{\mathrm{e}}c$ である．これを p ではなく対応するド・ブロイ波の換算波長 $\lambda\!\!\!^{-} = \hbar/p$ を用いて書き換えれば，$\lambda\!\!\!^{-} = \hbar/(m_{\mathrm{e}}c)$ となり，この値は電子の換算コンプトン波長そのものである．つまり，

$$\text{相対論的電子：}\quad p > m_{\mathrm{e}}c \quad \Leftrightarrow \quad \lambda\!\!\!^{-} < \lambda\!\!\!^{-}_{\mathrm{e}} \equiv \frac{\hbar}{m_{\mathrm{e}}c}, \tag{2.35}$$

$$\text{非相対論的電子：}\quad p < m_{\mathrm{e}}c \quad \Leftrightarrow \quad \lambda\!\!\!^{-} > \lambda\!\!\!^{-}_{\mathrm{e}} \tag{2.36}$$

という関係が示すように，$\lambda\!\!\!^{-}_{\mathrm{e}}$ は電子の運動が相対論的となるかどうかの境目となる波長であるとも言える．たとえば電子を $\lambda\!\!\!^{-}_{\mathrm{e}}$ 以下の小さなサイズの領域に閉じ込めたとすれば，相対論的扱いが必要となることも予想される．これがコンプトン波長の表式に c が含まれている理由でもある．

2.7 クォークとレプトン：素粒子の階層

自然界のすべての現象を突き詰めていくとそれらを支配する基本相互作用（現象の原因となる力と言い換えてもよい）は，表 2.5 にまとめられた 4 種類に帰着することがわかっている．われわれが日常意識しているかどうかは別として，電磁気力と重力はきわめてなじみ深い力だ．その一方，強い力と弱い力はいずれもきわめてミクロなスケールのみで重要となるもので，それぞれ，クォークを結びつけて陽子や中性子をつくったり，中性子の β 崩壊を引き起こすなど，電磁気力と重力だけでは説明不可能な物質そのものの安定性とかかわっている．

表 **2.5** 自然界の 4 つの相互作用.

相互作用	到達距離	媒介粒子	作用する粒子	理論
強い力	10^{-13} cm	グルーオン	ハドロン（バリオン，メソン）	量子色力学
電磁気力	∞	光子	荷電粒子	量子電気力学
弱い力	10^{-16} cm	ウィークボソン	レプトン，クォーク	
重力	∞	重力子	すべての粒子	一般相対論

表 **2.6** 素粒子の標準模型.

		名前	電荷	質量
第一世代	クォーク	アップクォーク（u）	+2/3	$\sim$ 2 MeV
		ダウンクォーク（d）	−1/3	$\sim$ 5 MeV
	レプトン	電子（e）	−1	0.511 MeV
		電子ニュートリノ（ν_e）	0	$\lesssim$ 2 eV
第二世代	クォーク	チャームクォーク（c）	+2/3	$\sim$ 1.3 GeV
		ストレンジクォーク（s）	−1/3	$\sim$ 90 MeV
	レプトン	ミュー（μ）	−1	106 MeV
		ミューニュートリノ（ν_μ）	0	$\lesssim$ 0.19 MeV
第三世代	クォーク	トップクォーク（t）	+2/3	$\sim$ 173 GeV
		ボトムクォーク（b）	−1/3	$\sim$ 4.2 GeV
	レプトン	タウ（τ）	−1	1.78 GeV
		タウニュートリノ（ν_τ）	0	$\lesssim$ 18.2 MeV

ゲージ粒子（力を媒介する粒子）	質量
グルーオン	0
光子	0
ウィークボソン	$\mathrm{W}^{\pm}$ は 80.4GeV, Z は 91.2GeV
重力子	0
スカラーボソン（素粒子に質量を与える）	質量
ヒッグス粒子	125GeV

4 つの相互作用はいずれもゲージ理論と呼ばれるモデルで記述できることも知られており，きわめて高いエネルギースケールでただ 1 つであった力が宇宙の進化の過程で分化して現在の 4 つの力となったものと信じられている．このように，現在は異なっているように見える力を 1 つの理論にまとめて記述することを「統一」と呼ぶ．実際，電磁気力と弱い力は，100 GeV 以上のエネルギー領域（温度にして約 10^{15} K に対応する）ではワイン

バーグ・サラム理論と呼ばれる理論で統一されることが実験的にも確認されている．さらに強い力を加えた強・弱・電磁気力の統一は，大統一理論（Grand Unified Theories; GUT）と呼ばれる一連のモデルで試みられており，統一されるエネルギースケールは 10^{15} GeV 以上であると考えられている．残る重力を加えて 4 つの力をすべて統一することは量子重力理論と呼ばれる素粒子論における未完成の大目標である．

これらの相互作用に対応して，微視的物質階層は，強い相互作用をするハドロンとそれ以外のレプトン，および，相互作用を媒介するゲージボソンという種類に分類される．レプトンはそれ自身が素粒子であるが，ハドロンは複合粒子で，それらを構成する素粒子はクォークと呼ばれる．表 2.6 にまとめてあるように，素粒子であるクォークとレプトンはいずれも 3 つの異なる「世代」と呼ばれる分類をもち，さらに世代にはそれぞれ 2 種類の粒子が存在する．これをさして，クォークとレプトンはいずれも 6 種類のフレーバーをもつ[*7]，と呼ぶこともある．さらに，それぞれの（正）粒子に対して質量が等しく逆符号の電荷をもつ反粒子が存在する．電荷をもたないニュートリノに対してもやはり反ニュートリノが存在する．複合粒子であるハドロンは，クォーク 3 個からなるバリオン（qqq と記される）と，クォークと反クォークの対からなるメソン（$q\overline{q}$ と記される）に分けられる．たとえば，陽子は uud，中性子は udd からなるバリオンであり，π^+ は u と $\overline{d}$（d の反粒子）からなるメソンである．

ところで，もっとも単純なモデルにもとづくとクォークとレプトンはそのままでは質量をもつことができず，当然実験事実と矛盾する．それらが質量をもつような物理機構は 1964 年に提唱され，その際に必要となる（素）粒子は提唱者の名前からヒッグス粒子と呼ばれるようになった．長い間，理論的に予言された粒子でしかなかったヒッグス粒子の存在は，2012 年 7 月 4 日，CERN（欧州合同原子核研究機構）にある大型ハドロン衝突型加速器を用いて，実験的に確認された．これによって，素粒子の標準模型に登場する粒子（重力子は除く）はすべて発見されたことになる．

このように，われわれの自然界の基本構成要素である素粒子自身が，きわ

---

*7　直訳すれば香りであるが別に意味はない．

めて秩序立った階層をなしていることは驚異に値する．しかしながら，これらの階層の起源はまだ完全に解明されているわけではない．この意味では，ここで紹介した素粒子の分類は，「現時点における標準理論」にすぎず，いまだ最終的な「究極の理論」にはほど遠いものと考えられている．

2.8 基本物理定数の次元とその意味

ここまでの議論は，基本物理定数とは，物理法則を特徴づける何らかの次元をもった定数である，という立場にもとづいていた．以下では，なぜかわからないが自然界には次元をもった定数が存在しているという事実だけから出発して，それが自然界を支配する物理法則に与える意味を考える．これは本質的には同じことを2つの異なる立場で眺めているにすぎないのかもしれないが，6章で述べるマルチバースに関連する興味深い視点を提供する．

まず，（換算）プランク定数 $\hbar$ を例として考えよう．$\hbar$ の次元は，角運動量，すなわち長さ $\times$ 運動量である．それを

$$\lambda = \frac{\hbar}{p} \tag{2.37}$$

と書けば，長さの次元をもつ左辺は（2.3）式の（換算）ド・ブロイ波長と一致する．さて，質量 m の粒子に対して，運動量の次元をもつもっとも簡単な組み合わせは mc だ．これを（2.37）式の p に代入すれば

$$\lambda = \frac{\hbar}{mc} = \frac{\hbar c}{mc^2} \tag{2.38}$$

となり，その粒子のコンプトン波長となる*8．マクロな物体のコンプトン波長は，その実際のサイズ L よりはるかに小さいため，この λ が直接顔を出すことはない．一方で，m が小さくなるほど λ は大きくなり L は小さくなるはずなので，やがて $L < \lambda$ となるだろう．その場合，その粒子の振る舞いは λ に支配されるはずだ．

このように，単なる次元解析にすぎないはずの（2.38）式は，物理的に無意味な質量と長さの換算公式ではなく，ミクロな世界では質量 m の粒子は

---

*8 （2.25）式は電子のコンプトン波長である．

（換算）コンプトン波長λをもつ波として振る舞う，という驚くべき量子論的描像を示唆している．すでに述べたように$\hbar$とcが登場していることから，この考察には量子論と特殊相対論が同時に関与しているはずだ．

さらに，(2.38) 式に登場する

$$\hbar c \approx 200\ \mathrm{MeV} \cdot \mathrm{fm} \approx 2\ \mathrm{keV} \cdot \text{Å} \tag{2.39}$$

(fm はフェムトメーター $= 10^{-15}$m) は，自然界を支配する物理法則のもとでの質量と長さの換算率（具体的な数値）だと解釈できる．たとえば，原子核の典型的サイズ $\lambda = 1$fm に対応する粒子の質量は $\hbar c/1\mathrm{fm} \approx 200\mathrm{MeV}$ となるが，これは核力を媒介するパイオンの質量とほぼ等しい[*9]．湯川秀樹 (1907–1981) は原子核を結びつける核力を媒介する粒子として「中間子」（現在，パイオンと呼ばれる粒子に対応する）の存在を予言したが，その本質は上述の次元解析に尽きているのだ．とはいえ，次元解析である以上，なぜλが $10^3\hbar/mc$ や $10^{-6}\hbar/mc$ ではないのかという疑問には答えられない．一方，そのような対応関係において比例係数が 1 程度の大きさからかけ離れているとすれば，それこそ何らかの説明が必要であろう．

(2.37) 式において，長さに対する量を Δx，運動量に対する量を Δp とおいて書き直してみると

$$\Delta x \cdot \Delta p = \hbar \tag{2.40}$$

となる．さて，ミクロな世界においては，粒子の位置 x と運動量 p をともに確定することはできず，それらの値の不確定性[*10]が

$$\Delta x \cdot \Delta p \geq \frac{\hbar}{2} \tag{2.41}$$

という不等式を満たすことが知られている（ハイゼンベルクの不確定性関係）．(2.40) 式は，数係数をのぞいてその最小値 $(\hbar/2)$ に対応する．(2.41) 式は，粒子の位置を無限の精度で決定したとすれば ($\Delta x = 0$)，その粒子の

---

*9　よりくわしくは，荷電パイオンは 140MeV，中性パイオンは 135MeV だが，すでに述べたように，まず重要なのは桁であり細かい数係数は気にしなくてもよい．逆に，数係数の正確さを気にするあまり，桁がわからないようでは本末転倒である．

*10　ある値の付近でのゆらぎ，程度の意味であるが，それを明確に定義することは実は易しくない．たとえば，拙著『解析力学・量子論　第 2 版』（東京大学出版会，2019）を参照のこと．

もつ運動量の値はまったく決まらない（$\Delta p = \infty$）ことを意味している．量子論を用いた導出なしに納得できないのは当然であるが，「ミクロな世界では粒子の位置と運動量を完全に決定することは原理的に不可能である」という量子論の本質は，この自然界に角運動量の次元をもつ物理定数 $\hbar$ が存在しているという事実に尽きている．

このように，コンプトン波長，ド・ブロイ波長，ハイゼンベルクの不確定性関係などはすべて，プランク定数が長さ × 運動量の次元をもつという単純な事実から理解できるのである．

さて再びプランク定数の次元解析に立ち戻り，今度はエネルギー E と長さ λ を用いて

$$\hbar = \frac{E}{c}\lambda \tag{2.42}$$

と書いてみる．この λ を波の波長だと解釈して

$$E = \frac{\hbar c}{\lambda} = \hbar w \tag{2.43}$$

と書き換えれば，角振動数 w の波のエネルギーが $\hbar w$ に対応することがわかる[*11]．このように，エネルギー E と振動数 w の換算公式でしかなかったはずの（2.43）式は，光のエネルギーは連続的ではなく，$\hbar w$ をもつ粒子の集まりからなることを示唆している．

さらに，この光の温度（熱平衡にある系には温度が定義されると考えてよい）を T とすれば，再び次元解析より（2.43）式は

$$E = k_{\mathrm{B}} T = \frac{\hbar c}{\lambda} \qquad \Rightarrow \qquad \lambda T = \frac{\hbar c}{k_{\mathrm{B}}} \tag{2.44}$$

と書き直せることが予想できる．これもこのままでは物理的意味がまったく不明な単なる換算公式にすぎない．しかし，実はこの関係式は量子論発見の発端となった黒体輻射（プランク分布）におけるウイーンの変位則に対応している．ウイーンの変位則とは，温度 T の熱平衡にある物体の放射する光のスペクトルは，ある波長 λ_{peak} で最大値をとり，そのとき $\lambda_{\mathrm{peak}} T$ は物体によらない一定値となるという経験則であったが，その後量子論によって説

*11　ただし，次元解析なので $\hbar$ とすべきか h_{p} とすべきかまではわからない．このように数係数にはある程度の任意性は残る．

明された*12．しかしその本質は，$\hbar$, c, k_{B} といった基本物理定数を用いた次元解析だけで理解できるわけだ．

(2.44) 式の右辺の数値は日常的な経験から推定することができる．太陽の表面温度は 6000K である．人間の視覚がその太陽が発する光のスペクトルがピークとなる付近で高い感度をもつように発達したのであれば，可視光の典型的な波長である 5000 Å がそのピークに対応するであろう．とすれば，

$$\lambda_{\mathrm{peak}} T \approx 5000 \times 10^{-8}\mathrm{cm} \cdot 6000\mathrm{K} = 0.3\mathrm{cm} \cdot \mathrm{K} \qquad (2.45)$$

が予想され，(2.45) 式は実際に (2.44) 式のきわめてよい近似式となっている．逆に，この式を知っていれば，人間の目が感度をもつ光の波長から，太陽の表面温度を推定することができる．

このように，複雑な議論を用いることなく，基本物理定数の次元を知っているだけでこの自然界の振る舞いがある程度理解（予想）できる．つまり，それらの物理定数の具体的な数値は，自然界に刻み込まれた特徴的なスケールの値を決めている．極端なことを言えば，$\hbar$ の値が 15 桁大きいにもかかわらず核力を媒介するパイオンの質量が 200MeV のままの仮想的な自然界が存在するならば，そこでは原子核の大きさは 1m となっているだろう．この例は荒唐無稽のように思うかもしれない．にもかかわらず，なぜ原子核は人間のスケールに比べてかくも小さいのかという素朴な疑問が，$\hbar$ の数値という問題に帰着することを示しているとも解釈できる．基本物理定数の値がなぜ特定の数値をとっているのか，またそれは必然なのか偶然なのか．この疑問は 6 章でくわしく論ずることにする．

2.9 電磁相互作用と微細構造定数

半径 r，電荷 e の粒子の静電エネルギーと質量エネルギーを等置すれば

$$mc^2 = \frac{e^2}{r} \quad \Rightarrow \quad r = \frac{e^2}{mc^2} = \frac{e^2}{\hbar c}\frac{\hbar}{mc}. \qquad (2.46)$$

*12 拙著『解析力学・量子論 第 2 版』（東京大学出版会，2019）参照．

この関係式も古典的な電磁気力にもとづいた長さと質量の換算式を与える．電子は有限の大きさをもたない素粒子であると考えられているが，電子に対する（2.46）式は，（2.24）式，すなわち古典電子半径に帰着する．

ちなみに，電子と光子が衝突するトムソン散乱の反応断面積は

$$\sigma_{\mathrm{T}} = \frac{8\pi}{3} r_{\mathrm{e}}^2 \approx \frac{2}{3} \times 10^{-24}\mathrm{cm}^2 \tag{2.47}$$

であることが知られており，古典電子半径とは光と相互作用する領域の幾何学的な半径だと解釈できる．この σ_{T} の大きさは，原子核反応の典型的な断面積である 1 barn（バーン）$= 10^{-24}\mathrm{cm}^2$ となっている．

この r_{e} を無次元の微細構造定数で割り算すれば，電子の換算コンプトン波長：

$$\lambda_{\mathrm{e}} = \frac{r_{\mathrm{e}}}{\alpha_{\mathrm{E}}} = \frac{\hbar}{m_{\mathrm{e}} c} \approx 4 \times 10^{-11}\mathrm{cm} \tag{2.48}$$

が得られる．このように，α_{E} は，電磁気力のもとでの質量 m_{e} に対応する長さ r_{e} と，量子論のもとでの質量 m_{e} に対応する長さ λ_{e} の比なので，古典論の世界と量子論の世界の間の換算レートのようなものである．

（2.48）式をさらに α_{E} で割ると

$$r_{\mathrm{B}} = \frac{\lambda_{\mathrm{e}}}{\alpha_{\mathrm{E}}} = \frac{\hbar^2}{m_{\mathrm{e}} e^2} \approx 5 \times 10^{-9}\mathrm{cm} \tag{2.49}$$

に帰着する．これはすでに見たように水素原子の大きさを与えるボーア半径にほかならない．以上の結果をまとめると，

$$r_{\mathrm{e}} = \alpha_{\mathrm{E}} \lambda_{\mathrm{e}} = \alpha_{\mathrm{E}}^2 r_{\mathrm{B}}, \qquad \lambda_{\mathrm{e}} = \alpha_{\mathrm{E}} r_{\mathrm{B}} = \frac{r_{\mathrm{e}}}{\alpha_{\mathrm{E}}}, \qquad r_{\mathrm{B}} = \frac{\lambda_{\mathrm{e}}}{\alpha_{\mathrm{E}}} = \frac{r_{\mathrm{e}}}{\alpha_{\mathrm{E}}^2} \tag{2.50}$$

となる．微視的世界に登場する典型的なサイズが，微細構造定数という無次元パラメータで互いに関係づけられていることがわかる．

2.10 重力相互作用と重力微細構造定数

前節で考察した，電磁気力における微細構造定数に対応する無次元定数は重力の場合にも存在する．質量 m_{p} をもつ陽子同士に働く重力と電磁力の比は Gm_{p}^2/e^2 である．そこで，α_{E} に対応する

$$\alpha_{\mathrm{G}} \equiv \frac{Gm_{\mathrm{p}}^2}{\hbar c} = \frac{m_{\mathrm{p}}^2}{m_{\mathrm{pl}}^2} \tag{2.51}$$

を定義し，重力微細構造定数と呼ぶ．ここで

$$m_{\mathrm{pl}} = \sqrt{\frac{\hbar c}{G}} \approx 10^{19}\mathrm{GeV} \tag{2.52}$$

は，2.2 節で定義したプランク質量である．このように α_{G} は，陽子質量とプランク質量の比の二乗でもあり，その数値は

$$\alpha_{\mathrm{G}} \approx 5.9 \times 10^{-39} \approx 8.1 \times 10^{-37}\alpha_{\mathrm{E}} \tag{2.53}$$

となる．

さてこの自然界の電荷はすべて e の整数倍に限られる（量子化されている）ので，e を用いた α_{E} は，物理定数として違和感がない．一方，α_{G} を定義する際に，質量として m_{p} を選ぶ必然性はない*13．したがって，α_{G} の値がとてつもなく小さいという事実は，重力は電磁気力に比べて異常に弱い，とも，自然界に特徴的なプランク質量に比べて陽子の質量は異常に小さい，とも言い換えることができる．その理由はわからないものの，いずれにせよ不自然な感は否めない．

ところでニュートン力学を用いて，質量 m，半径 r の天体の脱出速度が光速を超える条件を導けば

$$\frac{Gm}{r} > \frac{1}{2}c^2 \quad \Rightarrow \quad r < r_{\mathrm{s}} \equiv \frac{2Gm}{c^2} \tag{2.54}$$

となる．これは半径が r_{s} 以下の天体からは光ですら外に逃れられなくなることを示しており，r_{s} はブラックホールのサイズであるシュワルツシルト半径である．(2.54) 式は，光速に近い粒子の運動エネルギーに対して非相対論的な表式を使っているので，物理的には正しくない．にもかかわらずこの r_{s} の表式は，一般相対論から得られる正しい結果と一致する．これはあくまで偶然にすぎないのだが，次元解析という立場で考えれば（係数は別として）成り立つはずの換算公式だとも言える．

*13　逆に，質量は本当に量子化されていないのか，あるいはなぜ量子化されていないのか，と問い直すことも可能である．

具体的な例として，太陽（$m = M_\odot \approx 2 \times 10^{33}$g）[*14]のシュワルツシルト半径が

$$r_{\rm s}(M_\odot) = \frac{2GM_\odot}{c^2} = 3\ {\rm km} \tag{2.55}$$

であることをおぼえておくと便利である．もちろんこれは太陽の実際の半径である $R_\odot \approx 70$ 万 km に比べて著しく小さい（つまり，太陽はブラックホールではない！）．

重力と量子論では，同じ質量に対する長さの換算公式が異なるので，一般には対応する長さは違う．では，それらが一致するような質量の値はなんだろう．古典的な重力によるシュワルツシルト半径と量子論的なコンプトン波長が等しくなる質量は（2 倍の数係数を無視して）

$$\frac{\hbar}{mc} = \frac{Gm}{c^2} \quad \Rightarrow \quad m_{\rm pl} = \sqrt{\frac{\hbar c}{G}} \approx 2 \times 10^{-5}{\rm g}, \tag{2.56}$$

すなわちプランク質量にほかならない[*15]．この表式において，c は相対論が効いていることを，$\hbar$ は量子論，G は重力がそれぞれ関与していることを示す．その意味で，(2.56) 式はすべての自然法則が関与した特徴的なスケールに対応している．

プランク質量 $m_{\rm pl}$ の値，約 10^{-5}g は，小さいように思うかもしれないが火山灰やアメーバ，ゾウリムシといった単細胞生物の質量より 1，2 桁大きく，最小の甲殻類であるミジンコの体重ほどもある．電子や陽子をこのプランク質量に対応するほどのエネルギー（プランクエネルギー $\sim 10^{19}$GeV）まで加速することができれば，現時点では未知の新しい物理法則が見えてくるはずである．

この値に対応するシュワルツシルト半径（コンプトン波長といってもよい）は

---

*14　⊙ は，太陽を意味する記号で，天文学では太陽に関する量を示す添え字として頻繁に用いる．

*15　細かいことを言えば，換算コンプトン波長と通常のコンプトン波長のどちらをシュワルツシルト半径と等値すべきかはわからない．ここでは慣用に従うが，この種の議論の係数には（恣意的な）任意性が残っていることは覚えておくべきである．これ以降ほとんどの場合数係数の細かい値は無視するが，そのようなバランス感覚もまた大切である．

$$r_{\rm pl} = \frac{Gm_{\rm pl}}{c^2} = \frac{\hbar}{m_{\rm pl}c} = \sqrt{\frac{\hbar G}{c^3}} \approx 10^{-33}{\rm cm}. \tag{2.57}$$

さらにこれを光速で横切る時間は

$$t_{\rm pl} = \sqrt{\frac{\hbar G}{c^5}} \approx 10^{-43}秒 \tag{2.58}$$

となり，それぞれ，プランク長さ，プランク時間を与える．通常，これらより小さいスケールにおける物理現象を記述するためには，既知の物理法則を超えた究極の物理理論が必要であると考えられている．このように (2.56) 式は，プランク質量が一般相対論と量子論の統一の先に現れるスケールであることを端的に示している．

第3章　巨視的世界の階層

微視的物質世界における階層とは異なり，宇宙の階層構造の定義はかなり曖昧だ．これは天体が巨視的な超多体系であるからにほかならない．もっとも身近な恒星である太陽の質量 $M_{\odot}$ は，陽子の約 10^{57} 倍．恒星は気が遠くなるほど多数の原子からなる系なのだ．星の大集団である銀河の典型的な質量は $10^{12}M_{\odot}$，さらにわれわれが観測できる領域内の宇宙の全質量は $10^{22}M_{\odot}$ 程度である．このような巨視的スケールにわたって，惑星・恒星・惑星系・銀河・銀河群・銀河団・超銀河団という一連の秩序立った階層構造が存在する事実は驚きである．

それと同時に，天体はそれぞれがユニークな個性をもち合わせている．宇宙物理学がカバーする研究対象の広さと問題意識・価値観の多様性は，天体諸階層が兼ね備える普遍性と特殊性に支えられているのである．天文学では「何とか座の第何番星」の研究に一生を費す価値が認められる場合もある．これは微視的世界の普遍性を追究する物理学分野ではあり得ない．そもそも，電子は異なる個性をもっているわけではないから，「日本の高エネルギー加速器研究機構で加速された電子の質量の精密決定」という研究は存在しない．あくまで「電子の質量の精密決定」という普遍的な目的があるのみだ．物理法則の普遍性と天体の多様性が共存している点こそが，宇宙物理学の魅力である．

3.1　地球：惑星

宇宙の階層をめぐる旅は，当然，わが地球から始まる．地球の大きさを初めて推定したのは，ギリシャ人のエラトステネス（紀元前275–紀元前194）であるとされる．夜空に北極星が見える高さが場所によって異なる事実から，地球が球形であることは当時のギリシャ人の間ですでに知られていた．シエネ（現在はエジプトのアスワン）で夏至の日に太陽の南中高度が $90°$ となることを知ったエラトステネスは，アレキサンドリアにおける夏至の日での南中高度 $82.8°$ と組み合わせ，シエネとアレキサンドリアの緯度の差を求めた．この角度差とシエネ–アレキサンドリア間の距離から地球の半径を 7000 km 程度と推定した．現在では，地球はほぼ球系（扁平率はわずか 0.0034）で，その（赤道）半径は

$$R_\oplus = (6378136.6 \pm 0.1)\,\mathrm{m} \tag{3.1}$$

であることがわかっている*1．

（3.1）式から地球の円周は $2\pi R_\oplus = 4008$ 万 m とかなりきりのよい値となる．もちろんこれは偶然ではなく，地球の子午線の長さの 4 千万分の 1 がそもそものメートルの定義であったからにほかならない*2．

また（3.1）式と，地表での物体の重力加速度の値：

$$g = \frac{GM_\oplus}{R_\oplus^2} \approx 9.8\,\mathrm{m/s^2} \tag{3.2}$$

を組み合わせると，地球の質量 $M_\oplus = gR_\oplus^2/G \approx 6 \times 10^{27}$ g，およびその平均質量密度 $\rho_\oplus \approx 5.5\,\mathrm{g/cm^3}$ が推定できる．

図 3.1 は，人工衛星から見た夜の地球の明るさを表す合成地図である．当然ではあるが，地上の人工光が人口の多い領域に密集している様子が一目瞭然である．日本は，光だけでその地形がくっきり浮かびあがって見える．人びとが文明を謳歌している平和社会の証であると考えるか，はたまた，エネルギーを過剰に浪費している日本人への警鐘ととらえるか，考え始めるとき

*1　⊕ は地球を表す記号．

*2　その後，この定義にもとづいて 1799 年につくられたメートル原器の示すメートルの値が少しずれていることが判明したため，1889 年にメートル原器のほうを正式な定義として採用した．これが，地球の円周が 4 万 km にきわめて近いにもかかわらず若干ずれている，という事態の原因である．1960 年には，メートル原器ではなく，クリプトン原子のスペクトル線の波長を長さの定義とすることに変更した．さらに 1983 年以降は，光速度の値を「定義」（$c = 299792458\,\mathrm{m/s}$）し，セシウム原子のエネルギーレベル遷移に対応する光の周波数から定義した「秒」と組み合わせて長さが定義されることとなった．質量の単位である kg は 1889 年以降キログラム原器の質量であると定義されていたが，2018 年にプランク定数の値が「定義」($h_{\mathrm{P}} = 6.62606957 \times 10^{-27}$erg s) されたため，それらから導かれる値になった．

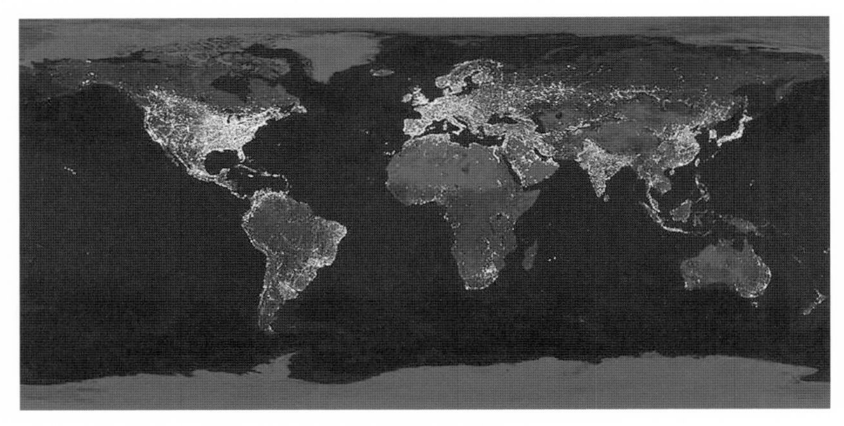

図 **3.1** 人工光で見る地球の夜の世界地図.
https://earthobservatory.nasa.gov/images/79765 より.

りがないほど示唆に富む地図である.

3.2 月：衛星

ニュートン力学によれば，2 つの天体が互いの重力だけを受けて運動する場合，それらの軌道は共通重心を焦点とする楕円となる．とくに，一方の天体の質量が圧倒的に大きい場合，重心は大きな質量をもつ天体の位置とみなしてよい．これが，太陽系に対するケプラーの第 1 法則である（図 3.2）．さらに，2 つの天体の質量の和を M，公転軌道周期を T，軌道長半径を a とすれば，それらの間にはケプラーの第 3 法則：

$$GM = a^3 \left(\frac{2\pi}{T}\right)^2 \tag{3.3}$$

が成り立つ．個々の惑星は他の惑星からの重力も受けているため厳密に (3.3) 式に従っているわけではないが，太陽の周りの惑星の運動，惑星の周りの衛星の運動に対して，この結果は良い精度で近似的に成り立っている．

例として，地球を回る月（図 3.3）の運動を考えてみよう．月の質量 $M_{月}$ は地球の質量 $M_{\oplus}$ に比べて約 100 分の 1 しかないので $M \approx M_{\oplus}$ と近似し，観測的に得られた月の公転周期 27.3 日を (3.3) 式に代入すれば，月の軌道

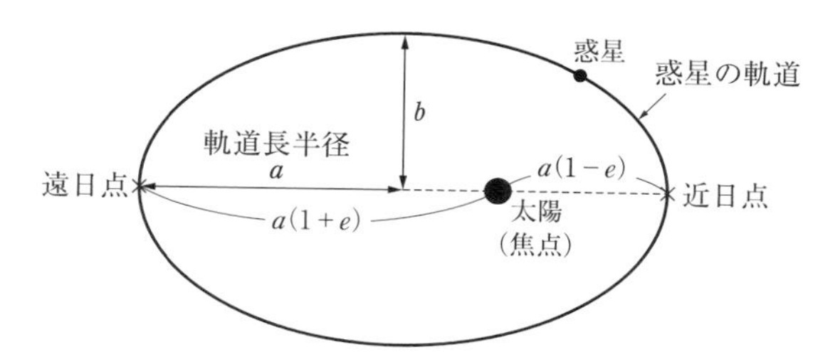

図 **3.2** ケプラー運動する惑星の楕円軌道.

図 **3.3** ガリレオ探査機が 1992 年 12 月 7 日に撮影した月の写真.

長半径が推定できる：

$$a_{月} \approx \left[\frac{GM_{\oplus}}{(2\pi/27.3\,日)^2}\right]^{1/3} \approx 38\,万\,\mathrm{km}. \tag{3.4}$$

より正確な値は，1969 年 7 月 16 日に打ち上げられたアポロ 11 号が月面に設置したレーザー光線反射鏡を利用して計測されている．その結果は $a_{月} =$ 38 万 4400 km なので，上述の近似は十分正確だ*3．また，月の見かけの視直径が 31 分角 (手を伸ばして月を見たときの親指の爪でちょうど隠れる程度の大きさ*4) であることを使えば，月の半径が

*3 さらに，このレーザー計測によって，月が毎年 3.8 cm 程度地球から遠ざかっているという重要な発見もなされた．

*4 興味をもたれた方は，ぜひとも実際に試してみられたい．

$$R_{月} \approx \frac{31'}{2} \times \frac{1^\circ}{60'} \times \frac{\pi}{180^\circ} \times 38.44 \times 10^4 \text{ km} \approx 1700 \text{ km} \tag{3.5}$$

と推定できる．

3.3 太陽：恒星

漢字の「星」は，「日の後に生まれる」と書く．漢字からは，シリウスや太陽のみならず，金星や火星などの惑星（planet），月のような衛星（satellite）などをすべて，星と総称するのは論理的だと言える．しかし天文学では，中心部で核融合反応を起こして自らエネルギーを生成する天体だけを，star（星，より正確には，恒星）と呼ぶ．

したがって，地球からもっとも近い「星」は太陽ということになる．太陽と地球の距離 d は 1 天文単位（Astronomical Unit; au）と定義されており，約 1.5 億 km．また，地球から見た太陽の視直径は，月の視直径とほとんど同じで約 32 分角．これはまったくの偶然であるが，そのおかげで，われわれは皆既日蝕という壮大な天体ショーを楽しむことができる．

また（3.5）式と同様に，太陽の半径 $R_\odot$ は

$$R_\odot \approx \frac{32'}{2} \times 1.5 \times 10^8 \text{ km} \approx 70\text{ 万 km} \tag{3.6}$$

と推定できる．

私が小学生の頃には理科の時間に，太陽の光を虫眼鏡で集めてお湯を沸かす実験があったが，今もあるのだろうか？　その実験がめでたく成功したならば，地表で 1 cm^2 あたり受けとる太陽のエネルギーを用いると，1 cc の水の温度が 1 分間で約 1 度上がる，というキリのよい結果が得られるはずである．つまり，地上で受けとる単位時間単位面積あたりの太陽のエネルギーが 1 cal/min/cm^2 であることがわかる．別の単位に直せば，$4.19\text{ J}/60\text{ s}/10^{-4}\text{ m}^2 \approx 700\text{ W/m}^2$ となる*5．

天文学では，天体が単位時間あたりに放出する全エネルギー量を（絶対）

*5　一人の人間が生きていくうえで最低限必要な基本代謝は 1 日 1200 kcal で，約 60 W に相当する．したがって，太陽輻射を無駄にすることなく完全に利用できれば，原理的には地球は持続可能な社会となるはずなのだ．

光度と呼ぶ．太陽の光度を $L_\odot$ とすれば，地球までの距離 d を半径とする球の表面積で割ったものが，上述の単位時間単位面積あたりのエネルギー量を与えるはずだ．ただし実際には，大気での吸収・反射のため地表で受けとることのできるエネルギーは地球に届く値の約半分となることが知られている．これらより $L_\odot$ の値は次のように推定できる．

$$L_\odot \approx 4\pi(1\mathrm{au})^2 \times 1\,\mathrm{cal/min/cm^2} \times 2 \approx 4 \times 10^{33}\,\mathrm{erg/s}. \tag{3.7}$$

再び（3.3）式に戻り，地球の公転周期，および地球と太陽の距離を代入すれば，太陽の質量が

$$M_\odot \approx \frac{(1\mathrm{au})^3}{G}\left(\frac{2\pi}{365\,\text{日}}\right)^2 \approx 2 \times 10^{33}\,\mathrm{g} \tag{3.8}$$

と推定できる．太陽は平均的な恒星なので，この質量および光度は恒星の特徴的なスケールの目安として用いられる．

3.4 太陽系：わが惑星系

2006 年 8 月 24 日チェコのプラハで開催された国際天文連合（International Astronomical Union，以降，IAU）の第 26 回総会において歴史的な決議が行われた．太陽系内惑星は，水星，金星，地球，火星，木星，土星，天王星，海王星の 8 つとし，冥王星が惑星から「準惑星」に降格されたのである．その結果，長く親しまれてきた「水金地火木土天海冥」というフレーズは「水金地火木土天海」に変更されることになった（表 3.1）．太陽系 8 惑星のうち，内側の 4 つ「水金地火」は密度が高い岩石惑星（地球型惑星），次の「木土」がガス惑星，さらに外側の「天海」は氷惑星に分類さ

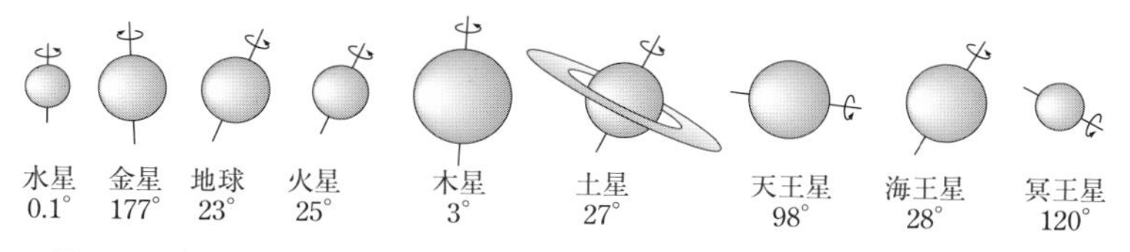

図 **3.4**　太陽系 8 惑星と冥王星．太陽系の惑星はほぼ同じ公転面を共有しており，その公転軸に対する自転軸の傾きが示されている．

表 **3.1** 太陽系内天体.

天体名	a[au]	質量 [g]	半径 [km]	離心率	周期 [年]
水星（Mercury）	0.39	3.3×10^{26}	2440	0.21	0.24
金星（Venus）	0.72	4.9×10^{27}	6052	0.007	0.62
地球（Earth）	1.00	6.0×10^{27}	6378	0.02	1.00
火星（Mars）	1.52	6.4×10^{26}	3396	0.09	1.88
木星（Jupiter）	5.20	1.9×10^{30}	71492	0.05	11.86
土星（Saturn）	9.55	5.7×10^{29}	60268	0.06	29.46
天王星（Uranus）	19.22	8.7×10^{28}	25559	0.05	84.02
海王星（Neptune）	30.11	1.0×10^{29}	24764	0.009	164.77
セレス（Ceres）	2.77	9.5×10^{23}	474	0.08	4.60
冥王星（Pluto）	39.54	1.3×10^{25}	1151	0.25	247.80
カロン（Charon）	——	1.6×10^{24}	586	0.00	6.39[日]
2003 UB313	67.7	——	~ 1200	0.44	~ 560
月（Moon）	——	7.3×10^{25}	1738	0.055	27.3[日]
太陽（Sun）	——	1.99×10^{33}	696000	——	——

a は軌道長半径（図 3.2 参照）．カロンと月に対する離心率と周期はそれぞれ地球と冥王星の周りの軌道に対する値．

図 **3.5** 木星面を通過するガリレオ衛星イオとその影（1996 年 7 月 24 日ハッブル宇宙望遠鏡による画像）．

れる（図 3.4）．

イタリアのガリレオ・ガリレイ（1564–1642）*6は自作の望遠鏡で木星を

*6 ニュートンはガリレオが亡くなった年に生まれた．また，ガリレオが亡くなった 1 月 8 日は，スティーブン・ホーキング，小泉純一郎元総理大臣，そして私の長女の誕生日でもある．さらに無意味なことを付け加えておくと，私の次女とガリレオは誕生日が同じ（2 月 15 日）である．

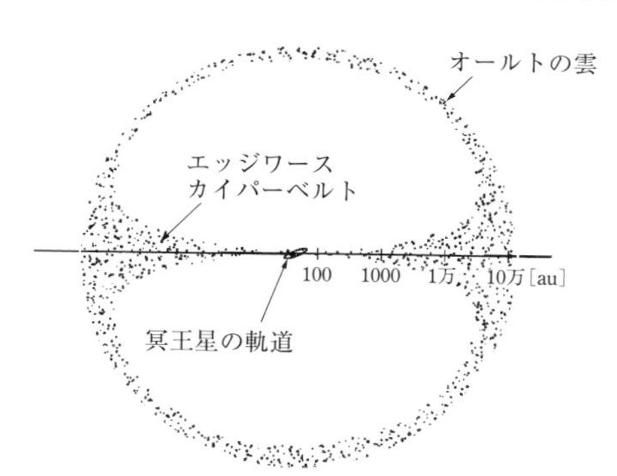

図 **3.6** カイパーベルトとオールトの雲の予想図.

観測し，現在ガリレオ衛星と呼ばれている木星の4つの衛星，イオ，エウロパ，ガニメデ，カリストを発見した（1610年：図3.5）．ニコラウス・コペルニクス（1473–1543）の地動説が正しいならば，地球の周りを回っている月は，太陽の周りを回っている地球から取り残されるはずだ，との強力な反論があった．しかし，木星が4つの「月」をもちながらともに太陽の周りを公転しているという発見は，この反論が成り立たないことを示す．このことから，ガリレオは，すべての天体が地球の周りを回っているという天動説，すなわち当時のキリスト教の世界観が誤っていることを確信するに至った．

かつての太陽系内惑星のうち，「水金地火木土」までは有史以前から知られており発見者はわからないが，「天海冥」は発見者が特定できる．天王星はウィリアム・ハーシェル（1738–1822）が1781年に，海王星はヨハン・ゴットフリート・ガレ（1812–1910）が1846年に，そして，冥王星はクライド・トンボー（1906–1997）が1930年に発見した．

太陽と冥王星との距離は40 auで，従来はこれが太陽系のサイズと考えられていた．しかし，その外には短周期彗星の起源となる天体が数多く存在するカイパーベルトと呼ばれる円盤上の領域がある．さらにその外側には長周期彗星の起源となる球殻状の領域（オールトの雲）があるのではないかと予想されている（図3.6）．このため，21世紀に入ってから，地球の衛星である月よりも小さい冥王星は惑星ではなく，数多く存在する「海王星以遠天体」(Trans-Neptunian Object; 海王星より遠方にあって太陽の周りを公転する天体を指し，カイパーベルト天体と呼ばれることもある）の1つに分類し直すべきだとの意見が支持されるようになってきた．

2005年7月，カリフォルニア工科大学のマイケル・ブラウンらは，冥王星よりも遠くに冥王星よりも大きなサイズのカイパーベルト天体，2003 UB313，を発見した．その結果，この天体を太陽系第10番惑星とするか，あるいはそもそも冥王星も含めて惑星とは違う種類に分類すべきか，という論争が巻き起こった．名前から想像されるように，この天体はもともとは2003年の観測データから発見されたものであるが，2005年の測光観測によってその大きさが冥王星よりも大きいことが明らかとなった（表3.1）．

2006年のIAU決議は，このような太陽系に対する観測的理解の進展にともない，「太陽系内惑星」を科学的に定義せざるを得なくなったという状況を受けたものである．じつは，この総会では当初「水金地火木土天海冥」に加えて，セレス（火星と木星の間にある小惑星帯にある無数の小惑星中で最大のもの），カロン（冥王星の衛星），2003 UB313の3つを加えた12個を惑星と再定義する案が提案された．これは，冥王星を発見したトンボーが米国人であったため，冥王星を惑星から外すことに強い抵抗を示す米国の意見を反映したものとされる．しかし，この案には天文学者から反対が相次ぎ，結局冥王星を惑星から外すという決議が採択された．そしてこれは，最近の天文学的観測によって，太陽系，とくにその外縁部に関する理解と発見が飛躍的に進展しつつあることを象徴する出来事であった．

3.5 太陽系外惑星系

3.5.1 太陽系外惑星発見前史

「太陽系以外の世界は存在するのか」という問いかけは古く，有史以来，数多くの哲学的思索がくり返されてきた．デモクリトス（紀元前460頃-紀元前370頃）やエピクロス（紀元前341-紀元前270）といった原子論者たちは，われわれの太陽系と同じような世界は無数に存在するだろう，と考えていた．一方，アリストテレス（紀元前384-紀元前322）に代表される多くの哲学者たちは，世界は地球を中心とする唯一の存在であると考えた．つまり，地球を中心とする世界観の構築こそ，古代ギリシャの哲学者にとっての宇宙論だったのだ．プトレマイオス（83–168 頃）による『アルマゲスト』はその集大成というべき天文学書であり，その後十世紀以上にわたり，アラブ・ヨーロッパにおいて大きな影響を与えた．そこで展開されている天動説では，地球を中心として，月，水星，金星，太陽，火星，木星，土星，他の恒星を含む天球，がそれぞれ同心円状に順次取り囲んで回っていることが前提となっている．

このように古代の宇宙論では，太陽系（とくに地球）は世界の中心であるとともに，唯一の存在であることが暗黙の仮定であった．逆に言えば，太陽系以外の惑星系が存在するかどうかは，まさにその世界観を根底から覆すほどの大問題なのだ．だからこそ，ガリレオの例からもわかるように，それに対して疑問を投げかけるのは宗教的に危険ですらあったのだ．

さらに驚くべきことに，1990 年代半ばまで「太陽系外惑星は存在するか」という小学生でも思いつく簡単な疑問に，天文学者は明確に答えることができなかった．太陽系で最大の惑星である木星ですら，その明るさは太陽の 1 億分の 1 以下でしかない．遠方から観測した場合，すぐそばにある太陽の明るさのために，その痕跡を直接検出することは絶望的である．

そこで考えられたのが，間接的な検出法だ．正確に言えば，惑星は恒星を中心として公転しているのではなく，惑星と恒星の共通重心の周りを公転している．同様に，恒星もまたその共通重心の周りを公転する．したがって，惑星をもつ恒星は，われわれに対してその速度を周期的に変化させながら運動する．

図 3.7 に示すように，惑星と主星の質量をそれぞれ $M_{\rm P}$ と $M_{\rm S}$，$P_{\rm orbit}$ を公転周期，i を公転軌道面の法線方向と観測者の視線方向のなす軌道傾斜角とすれば，円軌道の場合，(3.3) 式より主星の公転速度の視線方向成分は，

$$v_{\rm R} = v\sin i \approx 30{\rm m/s}\left(\frac{P_{\rm orbit}}{1\,年}\right)^{-1/3}\left(\frac{M_{\rm P}\sin i}{M_{\rm J}}\right)\left(\frac{M_{\rm S}}{M_\odot}\right)^{-2/3} \tag{3.9}$$

となる（ここで $M_{\rm J}$ は木星の質量）．ドップラー効果を用いれば主星のスペクトル中の輝線あるいは吸収線の波長のずれから (3.9) 式の左辺の値が測定できる．

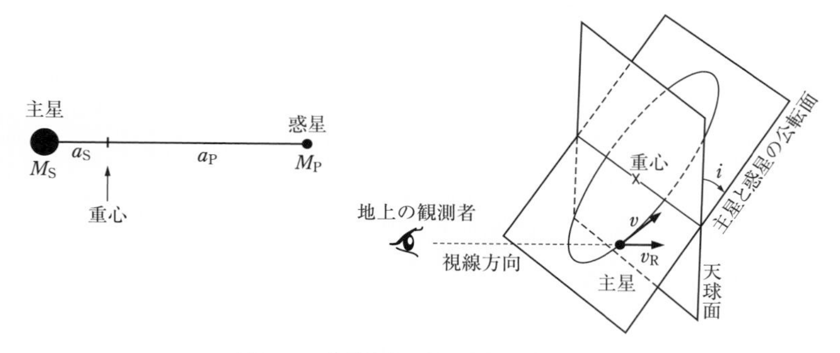

図 **3.7**　惑星をもつ星の視線速度観測.

とはいえ，木星の公転周期が 12 年であることを思えば，発見には長期間にわたる観測が不可欠だ．しかも惑星系を宿す恒星の割合が多くない限り，膨大な観測の努力はすべて無駄になる可能性が高い．さらに，仮に幸運なことに太陽系外惑星（以下，系外惑星）の初発見に成功したとしても，「運が良かっただけだ」とか「太陽系から考えれば何も不思議ではない」などと言われかねない．その意味ではハイリスク・ローリターン的研究である．したがって，真剣に系外惑星の発見を目指していた人びとは，けっして多くはなかった．その数少ない例であるカナダの研究グループは 12 年間にも及ぶ長期間観測にもとづいて，15 年以下の公転周期をもつ木星程度の質量の惑星は存在しないと結論した論文を 1995 年 8 月に発表した．

3.5.2　動径速度法による 51Pegb の発見

スイスのミシェル・マイヨールらのグループもまた，1977 年から 13 年間かけて 291 個の恒星の速度を継続的に観測したが，惑星系候補は見つけられなかった．しかし，そこでマイヨールと当時彼の大学院生であったディディエ・ケローは，より小さな速度変化が検出可能な高精度の測定装置を用いて，上述の観測で有意な速度変化が検出できなかった 142 個の恒星に絞って，1994 年 4 月から観測を再開した．その結果，1994 年 9 月にペガスス座 51 番星（51Peg）が速度変化を示していることに気づき，それから 1 年かけて，その周りをわずか 4.2 日の周期で公転する $M_\mathrm{P}\sin i = 0.47M_\mathrm{J}$ の惑

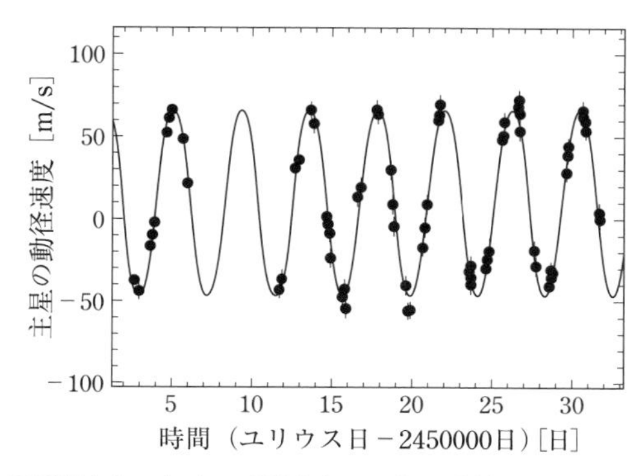

図 **3.8** 主系列星として初めて惑星をもつことが発見されたペガスス座 51 番星の速度変動．日本物理学会（編）『宇宙を見る新しい目』（日本評論社，2004）より改変．

星（51Pegb）が存在すると結論した[*7]．この論文[*8]が投稿されたのは 1995 年 8 月 29 日．皮肉なことに，カナダのグループが系外惑星の存在に否定的な論文を出版した直後であった．図 3.8 は，51Peg の動径速度変動の観測データ例である（マイヨールとケローの発見当時のものではない）．黒丸で表された多数のデータ点をもっとも良く再現するようなモデルフィットから，51Pegb のパラメータが推定できる．

この発見は，太陽に似た恒星の周りに存在する惑星を初めて検出しただけでなく，系外惑星の性質が太陽系とはまったく異なっている可能性を示唆する，まさに驚くべき結果であった．太陽系形成の標準理論によれば，木星のような巨大ガス惑星は，恒星からはるか遠くの場所でしか形成できない．4.2 日という信じられない短周期をもつガス惑星などあり得ないはずだった．実際，マイヨールとケローも，当初はこのデータが惑星によるものなのか自信がもてず，あらゆる可能性を検討した上での最終結論であった．彼らはこの発見を 10 月 6 日にイタリアのフィレンツェで開催された国際会議で報告したが，それを聞いた米国のグループは直ちに追観測を行い，10 月中旬にはその結果を確認した．そのニュースを聞いたマイヨールとケローは

---

*7 惑星の名前は，主星の名前の末尾に b をつける慣用となっている．第 2 惑星以降は，c,d,. . . がつけられる．

*8 Mayor, M. and Queloz, D., *Nature*, **378**（1995）355.

安堵したそうだ.

この事実は，米国のグループも，系外惑星を発見できる観測装置をすでにもっていたことを物語る．ある意味では両者の「運」の違いだったのかもしれない．一方で，常識を疑うことの大切さという視点からは教訓的だ．10年以上の公転周期をもつ惑星検出を念頭におくならば，同じ恒星を毎日観測するよりも，1つの恒星は毎月1回程度の観測頻度にとどめる代わりに，できるだけ多くの恒星を観測したほうが効率が高そうだ．しかし，そのような観測では4日という非常識な短周期惑星を発見することは不可能である．そして，初めて発見された系外惑星はそのような「非常識」なもの（今ではホットジュピターと呼ばれる種族に分類される）だったのだ．いずれにせよ，マイヨールとケローの衝撃的な発見は，系外惑星に対する常識を覆した．常識的にはハイリスク・ローリターンだと思われていた研究分野が，わずか1週間で新たな歴史的発見が可能なローリスク・ハイリターン分野であることがわかったのだ.

ただし定義にもよるが，これを系外惑星の「初」発見と呼ぶべきかどうかについては議論がある．というのは，1992年にPSR 1257+12という名前のパルサー（中性子星）の周りに2つの惑星が存在することが発見されているからだ[*9]．パルサーは重い星が進化の最終段階で起こす超新星爆発の結果残った中性子星であり，その自転周期に対応したきわめて規則正しい電波パルスを放射する（このパルサーの場合，周期は6.2ミリ秒）．周りを公転する惑星が存在すると，パルサーはその公転周期に同期して位置がわずかに変化する．このために，地上で観測される電波パルスの到達時間も同じく周期的に変動する．この変動成分を取り出すことで，惑星が発見されたのである．しかも，それらはそれぞれ地球質量の4.3倍，3.9倍で，公転周期が66.5日と98.2日という，地球に近い質量をもつ複数惑星系だったのだ．ただし，中心星が中性子星であるため，太陽系とはまったく異なる進化経路をたどって誕生したものだと考えられる．そのため，残念なことにその後の系外惑星研究を牽引するには至らなかった.

これに対して，マイヨールとケローが発見した51Pegbは，中心星が太陽

---

*9 Wolszczan, A. and Frail, D. A., *Nature*, **355** (1992) 145.

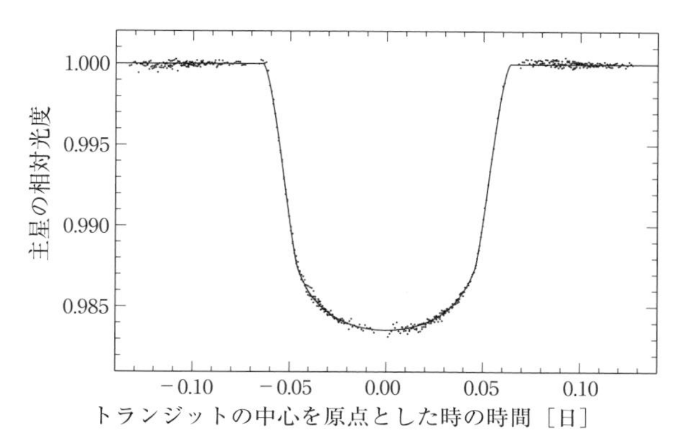

図 **3.9** HD209458b が主星の前を横切る際の光度変化（ハッブル宇宙望遠鏡観測による光度曲線をもとに作成）.

と似た恒星だったおかげで，太陽系の普遍性・特殊性，さらには生命を宿し得る惑星系を探るというその後の爆発的な研究の起爆剤となった．このため，彼らは人類の世界観を変えるほどの重要なブレイクスルーをもたらし，2019 年のノーベル物理学賞を受賞した*10.

3.5.3 HD209458b のトランジットの発見

すでに「惑星」発見と述べてきたが，これは必ずしも正しくないかもしれない．主星の速度変動を用いる方法から決まるのは，公転している何かの「質量」であり，その「大きさ」はわからない．つまり原理的に，鉄の固まりであろうが，ガス塊であろうが，はたまたブラックホールであっても区別できない．さらに観測された速度変動は，主星の表面振動や表面の黒点などによる見かけの効果にすぎない可能性もあり得る．

主星の速度変動が「惑星」によるものだと解釈できることを示したのは，2000 年に発表されたトランジット惑星 HD209458b である．この系では，すでに検出されていた主星の速度変動から予想される惑星の公転周期 3.5 日に同期して主星の光度が 2 時間程度にわたり，1.5% だけ減光することが発見された（図 3.9）．つまり，主星の前を通過（transit：トランジット）

*10 標準宇宙論の確立に貢献した米国プリンストン大学のジェームズ・ピーブルズも，彼らと同時に受賞した．標準宇宙論に関しては，5 章でくわしく述べる．

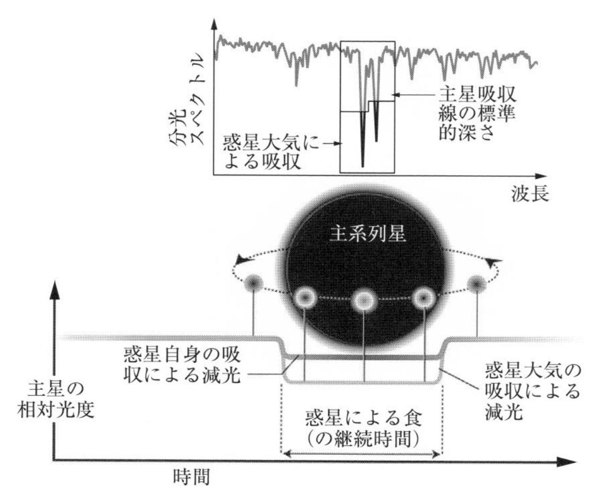

図 3.10 可視光で観測する惑星のトランジット．日本物理学会（編）『宇宙を見る新しい目』（日本評論社，2004）より改変．

することで，星の一部を周期的に隠す何者かが存在するはずだ．この 1.5% という値は，星と「何者か」の面積の比に対応するので，星の 1 割程度（$\approx \sqrt{0.015}$）のサイズのものが公転していることになる．速度変動と減光のデータを組み合わせたくわしい解析結果からは，質量 $0.63M_\mathrm{J}$，半径 $1.35R_\mathrm{J}$ が得られた．これから推定される平均密度は $0.3\,\mathrm{g/cm^3}$ で，木星のような巨大ガス惑星に対応する*11．

さらに，トランジットを起こしている約 2 時間にわたり，主星 HD209458 の分光スペクトルは，それ以外の時間に比べてより深い吸収線を示すこともわかった*12．これは惑星 HD209458b の大気によるものであり，そこにナトリウムが含まれていることが発見された．このように，トランジット現象を利用すれば，惑星大気組成が詳細に解析できる．さらに，その惑星に生物由来の大量の酸素が存在すれば，その検出も可能である（図 3.10）．

*11 木星の密度は $1.33\,\mathrm{g/cm^3}$，土星の密度は $0.69\,\mathrm{g/cm^3}$ なので，それらよりも低密度である．

*12 Charbonneau, D. *et al.*, *Astrophys. J.*, **568** (2002) 377.

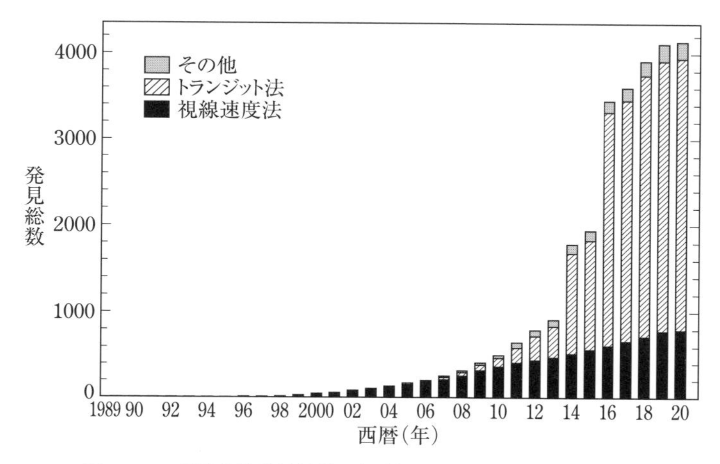

図 **3.11** 系外惑星発見総数の年次推移.
`https://exoplanetarchive.ipac.caltech.edu` より.

3.5.4 ケプラー探査機と系外惑星探査の進展

HD209458b 自身は速度変動で発見された後にトランジットが検出された惑星であるが，上述のようにトランジット現象は惑星の性質についてより多様な情報を提供する．また，一度に一天体しか調べられない分光観測とは異なり，光度変化だけに限る測光観測は，多数の天体のデータを同時に取得できる．このため，トランジット現象は動径速度法と相補的な惑星探査法として確立している．

なかでも，2009 年 3 月 6 日に打ち上げられた米国のトランジット専用観測探査機ケプラーは，2013 年 8 月に姿勢制御系が故障して観測停止するまでの約 4 年間，白鳥座付近の恒星約 15 万個をくり返しモニターし，膨大な数のトランジット惑星候補天体を報告した．ケプラー打ち上げ前までに発見された惑星が 400 個足らずであったのに対して（1995 年が初発見であったことを考えると，これ自体が驚くべき数なのだが），2020 年時点では 3000 個以上の惑星系が発見されている．そのうち，複数の惑星をもつ多重惑星系が 600 個以上あるので，発見された惑星総数は 4000 個を超える（図 3.11）．その結果，今や太陽に似た恒星のほとんどは惑星をもつのみならず，それらは太陽系の“常識”からは考えられないほどの多様性をも有していることがわかっている.

3.5.5 惑星系のハビタブルゾーン

系外惑星研究の最終ゴールをどこにおくかは人によってかなり異なるだろうが,天文学者の大半は地球外生命探査を念頭においているのではあるまいか.太陽系内惑星の場合とは異なり,数十光年以上先にある系外惑星系に実際に探査機を送り直接サンプルを採取することは絶望的である.とすれば,間接的とはいえ,やはり天文観測によって生命の痕跡を探るしかない.

恒星とは異なり,惑星は基本的には自らのエネルギー源をもたず,その中心星からの輻射によって輝いている.表面温度 $T_{\rm s}$ の中心星から距離 a だけ離れた半径 $R_{\rm p}$ の惑星が受け取ったエネルギーのうち,A の割合をそのまま反射し,残りの $1-A$ をいったん吸収し熱化した後に再放射する場合,その惑星の表面温度 $T_{\rm p}$ は

$$
\begin{aligned}
T_{\rm p} &= \left(\frac{1-A}{4}\right)^{1/4}\left(\frac{R_{\rm s}}{a}\right)^{1/2} T_{\rm s} \\
&\approx 260\left(\frac{1-A}{0.7}\right)^{1/4}\left(\frac{R_{\rm s}}{R_\odot}\right)^{1/2}\left(\frac{1{\rm au}}{a}\right)^{1/2}\left(\frac{T_{\rm s}}{5780{\rm K}}\right)\ {\rm K} \quad (3.10)
\end{aligned}
$$

と推定される.ここで反射率 A は惑星の組成や表面の性質で決まり,惑星全体で平均した値は,水星が 0.068,金星が 0.9,それ以外の太陽系内惑星はおよそ 0.3 程度である.実際の地球の地表面温度約 300K が上述の推定よりも少しだけ高いのは,大気の温室効果のためで,布団の中の温度がその表面温度よりも高いのと同じ理由である.

生命誕生のための必要条件も十分条件もわかってはいないが,地球においては海の存在が本質的であったと考えられている.そのため,惑星の平衡温度(3.10)式が,摂氏 0°C から 100°C の範囲となり,惑星表面に液体の水が存在する条件を満たす領域をハビタブルゾーン,そこに位置する惑星をハビタブル惑星と呼ぶ*13.しかし,この条件は地球と同じ大気圧を仮定しているのみならず,温室効果や惑星内部の熱エネルギーの効果などを無視しているため,そのままでは地球そのものがハビタブルゾーン内ではなくなって

---

*13 日本語では居住可能と訳されることが多いが,実際の居住可能性とは無関係である.その意味で,これは英語と日本語のいずれも誤解を生む不適切な用語というべきである.

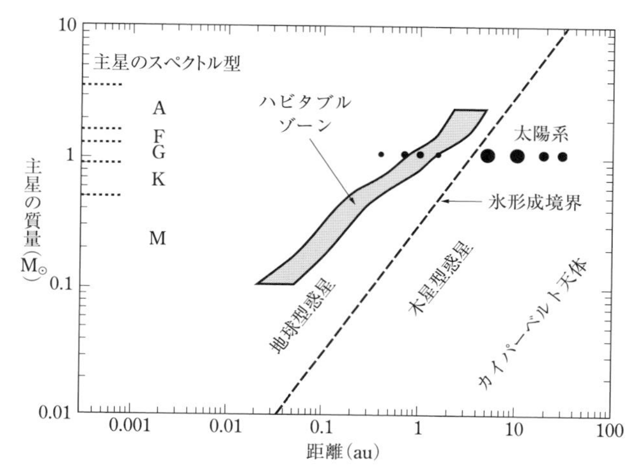

図 **3.12** 中心星の違いによるハビタブルゾーンと地球型惑星の存在領域の変化. ウルムシュナイダー, P.『宇宙生物学入門』(須藤靖他訳, 丸善出版, 2012) より改変.

しまう. 図 3.12 は, 中心星のスペクトル型に応じたハビタブルゾーンの位置を示しているが, あくまで目安でしかない. また, ハビタブルゾーンに存在する惑星に大量の水が存在するかどうかもわからない.

現在の太陽系の場合, ハビタブルゾーンは (研究者によって値は異なるが) 甘く見積もって 0.7–1.7au の範囲だと考えられている*14. しかし, 恒星進化を考慮すると, 今から 46 億年前の太陽は現在の 7 割程度の光度しかなかったはずだ. したがって, 当時のハビタブルゾーンはより内側の 0.56–1.15au となり, 0.7–1.15au の範囲に軌道をもつ惑星だけが, 46 億年の間ずっとハビタブルゾーンにあったことになる. このより狭い領域を永続的ハビタブルゾーンと呼ぶ.

3.5.6 バイオシグニチャーと宇宙生物学

(地球外) 生命の兆候を示す指標はバイオシグニチャーと呼ばれている. 系外惑星に対する常識的なバイオシグニチャーとしては, 大気のスペクトルに見られる酸素やオゾン, メタンといった大気分子が考えられる. 少なく

*14 内側の境界は液体の水が蒸発する距離で, 0.95au から 0.99au だとする研究者もいる. 外側の境界は二酸化炭素の温室効果がどの程度有効となるかで決まる.

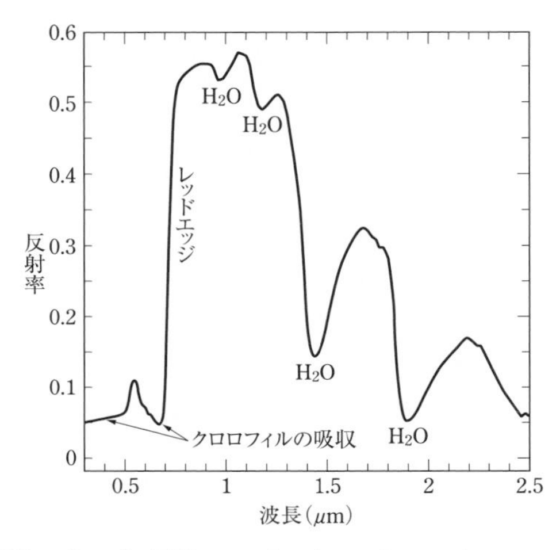

図 **3.13** 植物の葉っぱの反射スペクトルとレッドエッジ. Seager, S., Ford, E. and Turner, E. L., astro-ph/0210277 より.

ともこの地球においては，これらの分子はすべて生物活動に由来すると考えられているからだ．ハビタブルゾーンに存在する地球型惑星の大気分光を通じたバイオシグニチャー探査には，中心星に近い岩石惑星の直接撮像が前提で，さらなる技術の発展が不可欠である．分光観測は，バイオシグニチャーに限らず，惑星大気の組成を決定するためにも重要である．一方で，系外惑星の大気中に複数の分子を検出したとしてもどれが本当に生物由来なのか突き止めるのは至難の業である．その意味でも，より広く相補的なバイオシグニチャーの可能性を模索する意義は大きい．

図 3.13 に示されているように，地球上の植物の葉は，その反射率が波長 0.75μm 付近で急激に上昇するという普遍的な特徴（レッドエッジと呼ばれる）をもっている．その特徴をバイオシグニチャーとして利用する可能性も研究されている．遠方から地球を観測したとすれば，観測分解能の限界のために単なる点にしか見えない．当然その表面の様子を分解することは不可能である．しかし地球は 24 時間周期で自転しているので，その見かけ上の色は時間変化する．ゆっくり回る地球儀を遠くから眺めた場合と同じく，その表面分布は直接分からずとも，こちら側にサハラ砂漠，太平洋，アマゾンのジャングルなどのどの地域が来るかによって，微妙に赤みがかったり，緑っ

ぽくなったり（赤外線まで観測波長帯を広げればレッドエッジのために「真っ赤」と形容すべきだが）といった色の変化が生まれる．それを詳細に観測すれば，空間的には単なる「ドット」にすぎずとも，その表面に，海，大陸，森林，氷，雲などの成分がどの割合で存在するかが推定できる*15．この地球においては，森林は宇宙から見て一番わかりやすい「生命」の例である．これらが検出されれば「地球以外に生命が存在するか」への科学的解答（の第一歩）となるはずだ．

地球型惑星に生命の兆候を探るという野心的な試みは，何をバイオシグニチャーとすべきかという問題に加えて，それを可能とするだけの観測技術の開発もまた不可欠である．とはいえその先には，地球上の世界や生命という概念を塗り替えてしまうような歴史的発見の瞬間が待っているかもしれない．

3.6 天の川：われわれの銀河系

宇宙の構造を探るという立場から見たときの宇宙の最小構成要素は，星というよりもむしろ銀河である．日本語では，われわれが属している天の川銀河をとくに「銀河系」と呼ぶ．英語では，“Milky Way”，“the galaxy”，あるいは大文字で始めて “Galaxy” という．この “Gala” は，「乳」（=“Milk”）という意味をもつギリシャ語を語源としている．一方，中国ではこれを「銀」と表現した．その理由は図 3.14 を見れば納得できよう．銀河系の中心部は星の密度は高いが，それ以上に星間塵による吸収が強く可視光では見かけ上暗くなり星がほとんど観測できない．一方，赤外線はこの吸収を受けないため，可視光では観測できない銀河中心のバルジの姿が薄い円盤部とともにはっきりと見える（図 3.15）．

このように語源から言えば「銀河」という単語は本来われわれの「銀河系」をさす固有名詞であるべきで，事実中国ではその意味で用いられている．一方，日本語で「銀河」は系外銀河を含めた普通名詞であり，日本語の「系外銀河」に対応する中国語の普通名詞は，「星系」である．中国語のほう

*15 Fujii, Y., Kawahara, H., Suto, Y., *et al.*, *The Astrophysical Journal*, **715** (2010) 866, and **738** (2011) 184.

図 **3.14**　可視光で見るわれわれの銀河系（Lund 天文台より許可を得て転載）.

図 **3.15**　赤外線で見たわれわれの銀河系．COBE 衛星に搭載された拡散赤外背景輻射実験装置（DIRBE）の測定した結果．図の真中が銀河中心，中心の横方向に銀河面が位置している．われわれはこの銀河面のなかにいるために，円盤部を横から見た格好となっている．波長 25, 60, 100μm の遠赤外領域，および波長 1.2, 2.2, 3.4μm の近赤外領域のデータにもとづいて合成されたもの（NASA and the COBE Science Team）.

がやや論理的かもしれない．

さて，われわれの銀河系は，渦巻銀河に分類され，主として，円盤，中心のバルジ，外側に広がるハローの 3 成分からなる．円盤は半径 15 kpc 程度で，太陽系は銀河中心から 9 kpc 程度離れた端のほうに位置する．ここで，pc（parsec：パーセク）は，地球から見た位置が半年後に 2 秒角（太陽を原点とすると ±1 秒角）ずれて見える距離と定義する（図 3.16）.

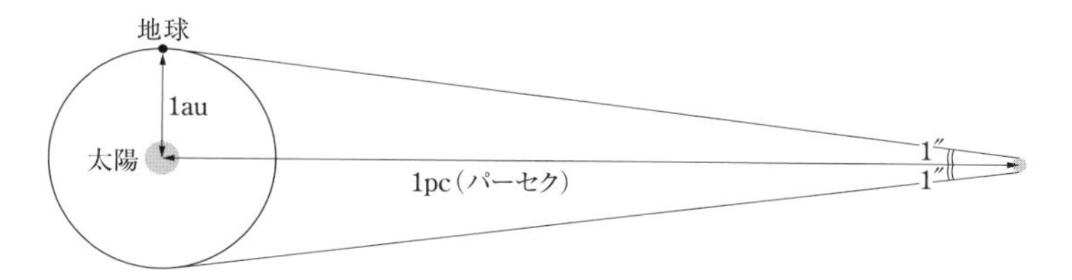

図 3.16 パーセクの定義.

表 3.2 天文学でよく用いられる単位.

記号	名称	値	意味
au	天文単位	1.5 億 km	地球と太陽との距離
ly	光年	9.46×10^{17} cm	光が 1 年間に進む距離
pc	パーセク	3.09×10^{18} cm	銀河円盤内での平均的星間距離
$M_\odot$	太陽質量	1.99×10^{33} g	太陽（典型的な恒星）の質量
$L_\odot$	太陽光度	3.85×10^{33} ergs^{-1}	単位時間あたりの全エネルギー放出量

$$
\begin{aligned}
1\ \mathrm{pc} &\equiv 1\ \mathrm{au} \times \left[1 \times \frac{1}{60} \times \frac{1}{60} \times \frac{\pi}{180}\right]^{-1} \\
&\approx 3.09 \times 10^{18}\ \mathrm{cm} \approx 3.26\ \text{光年}.
\end{aligned}
\tag{3.11}
$$

5.3 節でくわしく述べるように，宇宙の質量密度は電磁波を放射する通常のバリオン*16以外に，光ることなく重力でのみ相互作用するダークマターによって占められている．そのため，ダークマターをも含めた銀河系の空間的サイズは正確には決まらないが，数十 kpc 程度であると考えられる．また，全質量もダークマターの寄与の不定性があるが，可視域で観測できる領域に限れば $2 \times 10^{11} M_\odot$ 程度，光度は約 $2 \times 10^{10} L_\odot$ である．明るさだけから言えば，銀河系は 10^{10} 個程度の星の集団ということになる．ここまでに登場した天文学で頻繁に用いる単位を表 3.2 にまとめておく．

---

*16 地上の既知のすべての物質は原子から構成されている．原子は原子核と電子からなるが，その質量のほとんどは原子核を構成する核子（陽子と中性子の総称）が占めている．2.7 節で説明したように，クォークからなる複合粒子はバリオンと呼ばれ，クォーク 3 つからなる核子はまさにバリオンの代表例である．したがって，宇宙論では通常の物質のことを（やや不正確な言い方ではあるが）バリオンと呼ぶことになっている．

3.7 銀河

すでに述べたように，天の川銀河は銀河という天体階層の典型例である．より一般に，銀河はその形状によって楕円，レンズ状，渦巻，不規則型に分類される．これを，ハッブル系列と呼ぶ（図 3.17）．

楕円銀河（ellipticals）は 3 軸不等楕円体状に星が分布している集団で，その扁平率に応じて E0 から E7 に分類される（図 3.18）．E は elliptical を

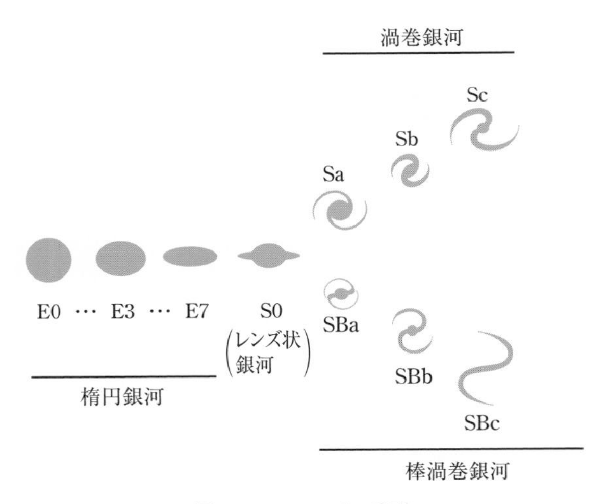

図 3.17 ハッブル系列．

図 3.18 早期型銀河の例．左から，M87（E0），NGC3377（E6），M85（S0＝レンズ状）．`http://cosmo.nyu.edu/hogg/rc3/`より．

図 **3.19** 渦巻銀河の例．左から，ソンブレロ（Sa），M81（Sb），NGC1232（Sc）．`http://www.noao.edu/image_gallery/`より．

図 **3.20** 棒渦巻銀河の例．左から，NGC4650（SBa），NGC1300（SBb），NGC1073（SBc）．`http://www.noao.edu/image_gallery/`より．

表す頭文字で，その後に続く数字は，天球に射影された楕円銀河の長軸を a，短軸を b としたときの $10(a-b)/a$ の値を示す．

可視光で見た渦巻銀河（spirals）は，中心部のバルジ，および円盤を2つの主要な成分とする．バルジ部分に棒状の構造をもつかもたないかによって，通常の渦巻銀河（S）と棒渦巻銀河（barred spirals; SB）の2つに分類されることがある．これらは，さらに渦巻腕の巻き方の強さに応じて，a, b, c の小文字をつけて分類される（図 3.19，3.20）．

これらの中間にある，渦巻腕をもたない円盤銀河がレンズ状銀河で，S0 と呼ばれている．天文学では，楕円銀河とレンズ状銀河をまとめて「早期型」銀河（early-type），渦巻銀河と不規則銀河をまとめて「晩期型」銀河（late-type）と呼ぶことが多いが，これは必ずしも銀河の進化の順序を意味していわけではないので，混乱を招く表現である（が，残念ながら天文学の文献では一般的に用いられている）．

平均的には，楕円，レンズ状，渦巻，不規則型の個数比は 1:2:6:1 程度とされているが，その比率は周辺の環境に依存して大きく変わる．たとえば，銀河が密集して高密度となる銀河団の中心部は主に楕円銀河で占められている．これは銀河の密度形態関係と呼ばれ，ハッブル系列の起源と進化に対する重要な観測的手がかりである．

ところで，天体の名前に M や NGC などの記号が付けられていることがある．これらは天体カタログの名前に対応する．たとえば，M はシャルル・メシエ（1730–1817）による有名な星雲・星団カタログであるメシエカタログをさす．これは，彗星探索のじゃまとなる既知の明るい天体を記録したもので M1 から M110 まである．M1 はおうし座にある超新星残骸であるかに星雲，M31 はアンドロメダ銀河，M42 はオリオン星雲，M45 はプレアデス星団（すばる），M104 はソンブレロ銀河，といった具合である．NGC は New General Catalogue of Nebulae and Clusters of Stars の略で 7840 天体からなる．これによれば，アンドロメダ銀河（M31），ソンブレロ銀河（M104）はそれぞれ NGC224，NGC4594 となる．

3.8 銀河群

銀河より 1 つ上の階層は銀河群と呼ばれる．その定義は厳密なものではないが，3 個以上数十個程度以下の銀河集団が該当する．われわれの銀河系もアンドロメダ銀河（図 3.21），大マゼラン星雲（図 3.22），小マゼラン星雲，さらに約 20 個の矮小銀河とともに半径 1 Mpc 程度の領域の銀河集団——局所銀河群（local group）——の主要なメンバーとなっている（図 3.23）．

アンドロメダ銀河は銀河系からもっとも近い（距離 ~ 700 kpc）系外銀河で，Sb 型の渦巻銀河に分類される．天球上での大きさは $180' \times 63'$，質量は $M \approx 3 \times 10^{11} M_\odot$，絶対光度は $L \approx 2.5 \times 10^{10} L_\odot$ である．

天の川銀河系の衛星銀河と呼ぶべき大マゼラン星雲は，太陽系から約 50 kpc の距離にある不規則銀河で，天球上でのサイズ，質量，光度はそれぞれ

図 **3.21** アンドロメダ銀河. http://www.noao.edu/image_gallery/より.

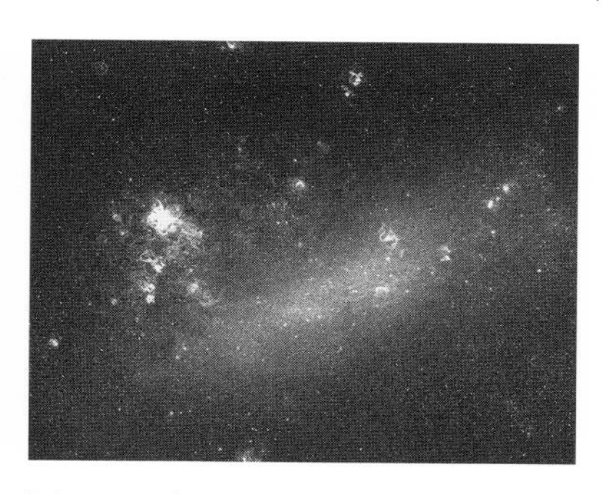

図 **3.22** 大マゼラン星雲. http://www.noao.edu/image_gallery/より.

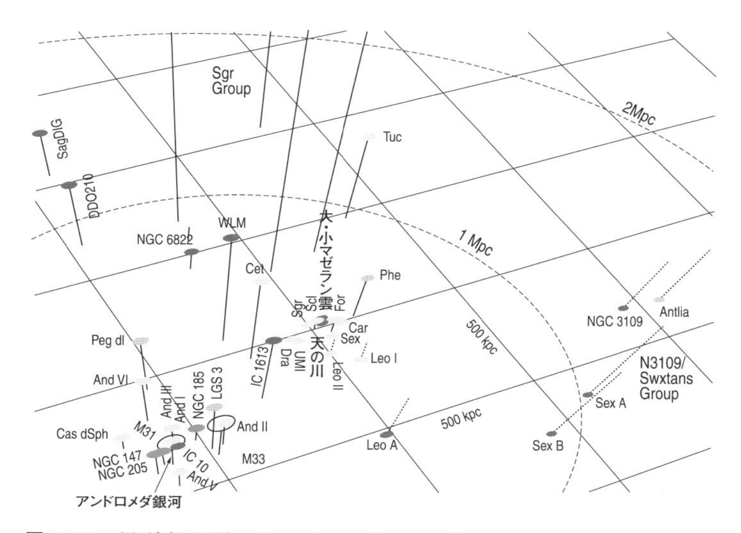

図 **3.23** 局所銀河群. Grebel, E. K., in Whitelock, P. and Cannon, R. (eds.), Proceedings of the IAU symposium, **192** (ASP, 1999, astro-ph/0008249) より.

$650' \times 550'$, $M \approx 2.5 \times 10^{10} M_\odot$, $L \approx 3 \times 10^9 L_\odot$ と推定されている. この大マゼラン星雲には, 1987年に超新星1987Aが出現し (地球に届くまでの時間を考えると, 実際に爆発したのはその15万年以上前), その際に放出されたニュートリノが地上で検出され, ニュートリノ天文学の幕開けとなった. また大マゼラン星雲までの距離は, 宇宙論的な距離尺度を決めるもっとも基礎的なスケールとなっている．仮にその値が10% ずれているとすれば，遠方の天体までの距離の推定も同程度ずれてしまう．このように，大マゼラン星雲は天文学において重要な役割を果たしている．

3.9 銀河団

銀河群のさらに上の階層が銀河団である．1958年，ジョージ・エイベル（1927-1983）はパロマースカイサーベイ*17の写真乾板から眼視によって銀河団を選び出し，エイベルカタログを作成した．その際に用いられた定義「50個より多数の銀河が1000万光年程度の大きさの領域に密集している集団」は，その後の銀河団研究でも広く用いられている．

銀河団はそのなかのメンバー銀河同士，さらに後述のダークマター同士の自己重力によって束縛された，宇宙で最大の非線形自己重力系である．典型的には，半径 $R \sim 2\,\mathrm{Mpc}$ 程度の広がりと質量 $M \sim 10^{14} M_{\odot}$ をもつ．われわれから距離約20 Mpc にあるおとめ座銀河団（Virgo cluster）と，約100 Mpc にあるかみのけ座銀河団（Coma cluster）はとくに有名な例である．図3.24は，2MASS（2Micron All-Sky Survey：2ミクロン全天サーベイ）による銀河面を赤道に選んだ座標系での銀河団分布全天地図を示している．宇宙における銀河団という階層の存在を十分堪能してほしい．

銀河団が力学的平衡状態にあるならば，その運動エネルギーと重力エネルギーはほぼ等しいはずである．さらにこの運動エネルギーを銀河団内のガスの温度に換算すると（m_{p} は陽子の質量 $\approx 1.67 \times 10^{-24}\mathrm{g}$）

$$T_{\mathrm{gas}} \sim \frac{GMm_{\mathrm{p}}}{k_{\mathrm{B}}R} \approx 3\,\mathrm{keV} \tag{3.12}$$

となる．この温度はビリアル温度と呼ばれているが，表2.4によれば典型的なX線に対応する．つまり銀河団は強いX線を放射するはずだ．実際に，歴史的には銀河団は可視域で見たメンバー銀河の分布から定義されたもので

*17 天文学では，ある領域のなかで特定の条件を満たす天体をくまなく探し出して観測することをサーベイと呼ぶ．1949年から56年にかけて米国パロマ天文台は，赤緯 −33度より北の全天を青（420nm）と赤（660nm）の2色でそれぞれ936枚の写真乾板に撮影した．1枚の視野は $6.6^{\circ} \times 6.6^{\circ}$ である．パロマチャートと呼ばれるこれらの乾板のコピーは世界中の天文研究機関に配布され，天文学研究に本質的な貢献を果たした．

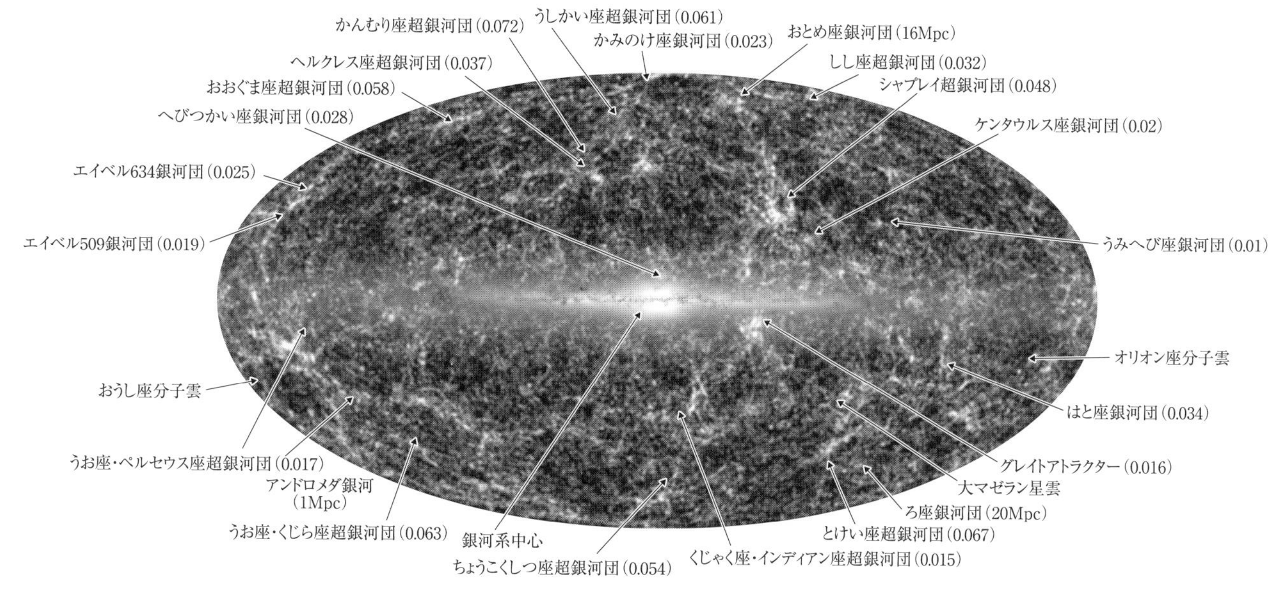

図 3.24 2MASSによる全天銀河団の分布．括弧内の数字はその天体の赤方偏移を示す．ただし，Mpcという単位がついているものは，その天体までの距離を示す．Thomas H. Jarrett 氏（カリフォルニア工科大学，赤外線データ解析センター）の許可を得て転載．

図 **3.25** 銀河団 RX J1347.5-1145 の可視光画像．すばる望遠鏡によるデータ（Rc バンド：宮崎聡，田中壱氏提供）．

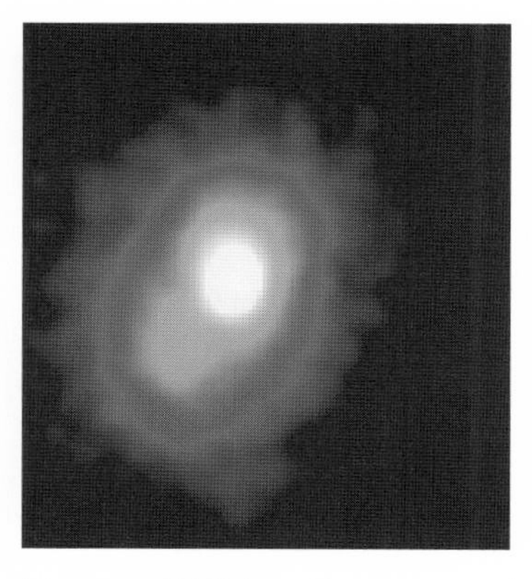

図 **3.26** 銀河団 RX J1347.5-1145 の X 線画像．X 線天文衛星チャンドラによる X 線イメージ（0.5-7 keV:太田直美氏提供）．

はあるが，現在では X 線観測衛星による宇宙論研究のもっとも重要なターゲットとなっている．宇宙は観測する波長域によってまったく違った姿を見せることが多く，銀河団はまさにそのよい例である．

具体的に，RX J1347.5-1145 と呼ばれる，全天でもっとも X 線光度の大きな銀河団（約 50 億光年の距離にある）を例として紹介してみよう．図 3.25 は，すばる望遠鏡による可視光イメージで，銀河団とはまさにその名の通り無数の銀河が集まってできていることがわかる（この画像の一辺は 110 秒角で，約 0.6 Mpc ≈ 200 万光年に対応する）．一方，X 線天文衛星チャンドラ（Chandra）で観測した結果（図 3.26）からは，この銀河団が全体として高温プラズマの巨大な雲に包まれて X 線放射をしているありさまが浮かび上がる．興味深いことに，高温ガスの総質量は銀河の総和の 5 倍以上にも達することがわかっており，銀河団は単なる銀河の集団というよりもむしろ巨大なガスの塊と呼ぶにふさわしい．銀河団に大量の高温プラズマが存在するという発見は，1970 年代初頭に本格的に幕を開けた X 線天文学におけるもっとも重要な知見の 1 つである．

さらに驚くべきことに，銀河団内の個々の銀河の運動や高温プラズマの分布の詳細な解析から，それらの質量の合計をはるかに上回る大量のダークマターが存在することもわかっている．銀河団 RX J1347.5-1145 の場合，半

図 **3.27**　ハッブル宇宙望遠鏡による衝突銀河の画像例.

径 700 kpc 以内の総質量は $M = (8.1^{+2.7}_{-1.7}) \times 10^{14} M_\odot$ で，同じ領域内に存在する高温ガスと銀河を合わせた質量の約 6 倍にも及ぶ．現在までに数百個もの銀河団の質量が X 線観測から求められているが，ほぼすべてにおいて大量のダークマターの存在が確認されている．

銀河団内での銀河同士の平均間隔は $\approx (4\pi(2\mathrm{Mpc})^3/3/1000)^{1/3} \approx 0.3$ Mpc，一方，全宇宙での銀河間平均間隔は約 5 Mpc である．これに対して，銀河系の円盤をごくおおざっぱに半径 15 kpc，厚み 3 kpc と近似すれば，$\pi(15\,\mathrm{kpc})^2 \times 3\,\mathrm{kpc}$ の体積内におよそ 10^{10} 個の星があるので，それらの平均間隔は約 6 pc となる．このように，pc は銀河内の星の分布，Mpc は宇宙での銀河の分布を特徴づけるスケールとなっており，宇宙論では km などよりもはるかに使いやすい単位なのである．

余談ではあるが，銀河円盤内での星同士の平均間隔は星の半径の $6\,\mathrm{pc}/R_\odot \approx 3$ 億倍であるのに対して，銀河団での銀河同士の平均間隔はそれら自身のサイズの $0.3\,\mathrm{Mpc}/15\,\mathrm{kpc} \approx 20$ 倍程度でしかない．つまり，銀河内での星は非常にまばらに分布しているのに対して，銀河は銀河団内でかなり密集している．このため星同士の衝突はほとんど起こらないのに対し，宇宙年齢の時間スケールでは銀河同士の衝突は珍しくなく（図 3.27），銀河進化において重要な役割を果たしている．

3.10 銀河宇宙の大構造

銀河団よりさらに上の構造は，明確な階層というよりも，宇宙に散らばる数多くの銀河が大域的に織りなす空間分布パターンそのもので，宇宙の大構造と呼ばれる．宇宙の大構造の研究は，(i) 現在の宇宙をよりよく理解したい，という当然の動機に加えて，(ii) 初期宇宙を探る，という意義をもち合わせている．一見不思議に思えるかもしれないが，これは宇宙の大構造が，誕生まもない宇宙に存在した量子ゆらぎを種としているからにほかならない．このゆらぎのうち短波長成分はさまざまな物理過程で進化するため，初期条件についての情報を失ってしまう．一方で，観測できる宇宙のサイズと同程度の長波長をもつ成分は，その波長を光速度で割り算して得られる進化の時間スケールが宇宙の年齢に匹敵するため，因果律から考えて初期条件の影響を忠実に残しているはずだ．そのため，宇宙の大構造は巨視的な天文学的現象と素粒子物理学によって支配されている宇宙初期とをむすぶミッシングリンクなのである．

宇宙の大構造を初めてみごとに可視化した例を図 3.28 に示す．まず，米国カリフォルニア州リック天文台から観測可能な北天の領域を $10' \times 10'$ の細かいセルに分割し（全部で約 2×10^6 セル），おのおののセルに含まれる見かけの等級が 19 等より明るい銀河の個数を表にまとめる．それをコンピュータに入力し，個数に応じた濃度で黒く塗りつぶした図を印刷する．さらにそれをネガとして白黒反転させた結果が図 3.28 である（セルのような形が残って見えているのはその作成方法のためである）．この作業を実際に行ったのが，2019 年ノーベル物理学賞を受賞したピーブルズ本人である．

図 3.28 では，それぞれの銀河の位置が銀河座標によって図示されている．銀河座標とは，天球上の天体の位置を，地球上の経度と緯度に対応する銀経 ℓ と銀緯 b で表現するもので，天の川銀河の中心が原点，銀河面が赤道面に対応する基準面として選ばれる．図 3.28 の中心が銀河の北極（$b = 90°$），外側の円が銀河面（$b = 0°$）に対応する．銀経 ℓ はこの円の一番下に位置する銀河中心（$\ell = 0°$）から時計回りに増加し，銀緯 b は円の中心（$b = 90°$）から外側（$b = 0°$）に向かって減少する．銀河面に沿って明るい銀河がほと

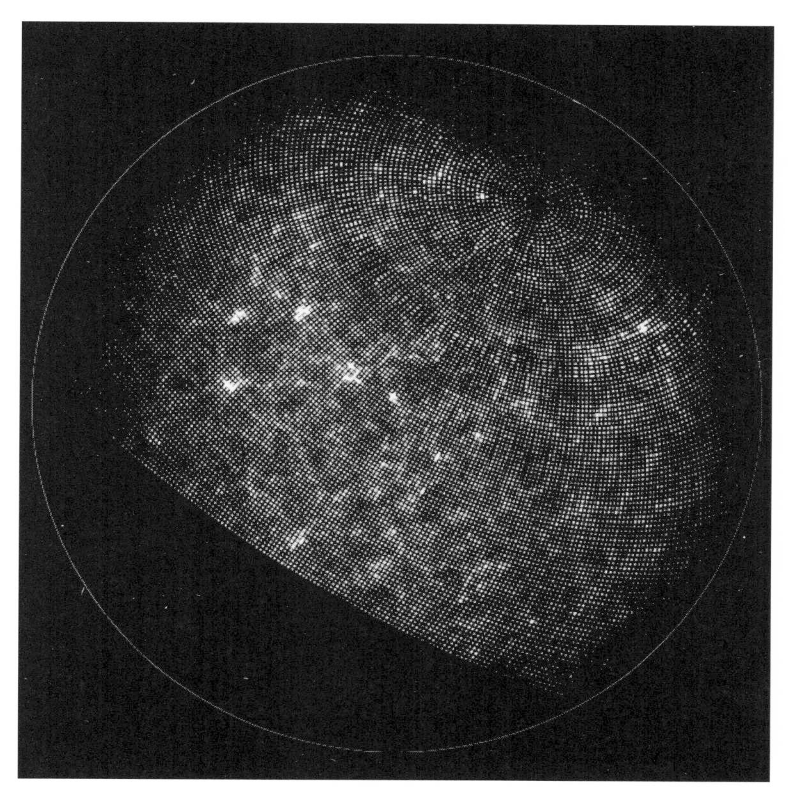

図 **3.28** リック銀河カタログによる約 130 万個の北天 2 次元銀河分布地図. Peebles, P.J.E., *The Large-Scale Structure of the Universe* (Princeton University Press, 1980) より.

んど見えないのは, 3.6 節で説明した星間塵による吸収のためである. 左下のデータが欠けた領域は北緯 37° にあるリック天文台からは十分に観測できない領域（赤緯 $\delta < -20°$）に対応する.

この図から明らかなように, 宇宙における銀河分布は一様ではなく, ある種の特徴的パターンを示している. ピーブルズが 1980 年に著した有名な教科書の冒頭の口絵として掲載されたこの図は, 銀河分布に刻みこまれている宇宙の情報を読み解く方法論がこの教科書にまとめられているというメッセージそのものであった. 実際, 私も, 大学院生の頃に出会ったこの図に魅せられて宇宙論の研究を始めた一人である. ピーブルズは, この銀河分布が宇宙の初期条件を記憶していることを明確に認識しており，それを手がかりとして宇宙の構造形成史を記述する統一的な理論モデルを創り上げた巨人の一人である．

3.11 ハッブルの法則と宇宙膨張

遠方天体までの距離決定は天文学におけるもっとも基本的な難問である．宇宙論に登場する遠方天体までの距離の推定は困難であるため，ほとんどの場合，次に述べる赤方偏移距離を近似的に用いる．

図 3.29 のように，すべての天体はわれわれの銀河系に対して相対的に運動している．この相対速度のわれわれの視線方向に対する成分 v_0 は，ドップラー効果によって相手の銀河のスペクトル中の輝線あるいは吸収線の波長に変化を及ぼす．具体的には，実験室で λ_{lab} という波長が地上の観測者には λ_{obs} として観測される．このとき，波長のずれの相対比：

$$\frac{\Delta\lambda}{\lambda} \equiv \frac{\lambda_{\mathrm{obs}} - \lambda_{\mathrm{lab}}}{\lambda_{\mathrm{lab}}} \equiv z \tag{3.13}$$

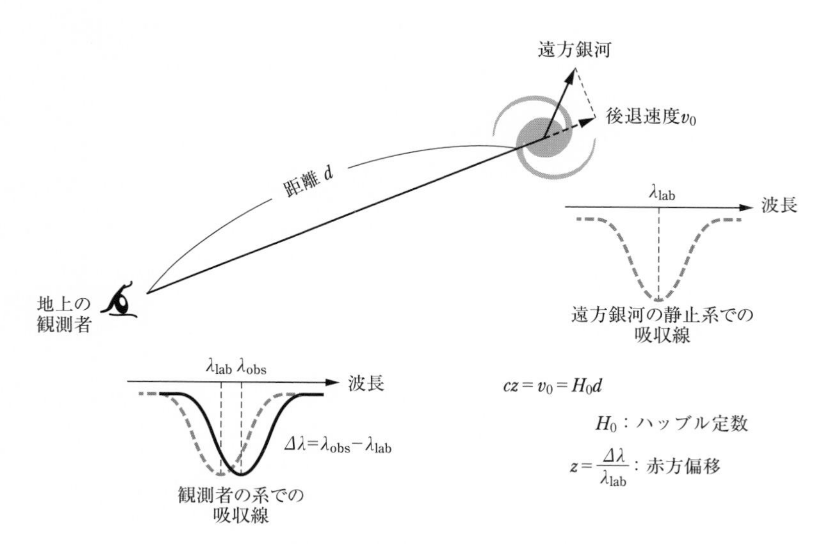

図 **3.29** 赤方偏移とハッブルの法則.

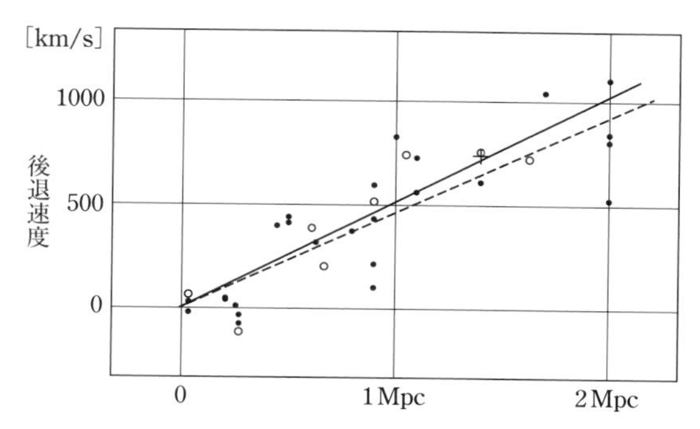

図 **3.30** ハッブルの原論文で示された遠方天体の距離-速度関係. Hubble, E., Proceedings of the National Academy of Sciences of the United States of America, **15** (1929) 168 をもとに作成.

は 1 つの天体に対しては波長によらず一定で，赤方偏移と呼ばれる．また，宇宙論では（$z > 1$ であっても）$v_0 \equiv cz$ と「定義」してこれを後退速度と呼ぶことが慣習となっている*18.

(3.13) 式にもとづいて「星雲」*19の相対速度を測定したヴェスト・メルビン・スライファー（1875–1969）は，それらの多くがわれわれから遠ざかる方向に運動しているという奇妙な事実に気づいた．この観測結果をさらに考察したエドウィン・ハッブル（1889–1953）は，当時距離が推定されていた 20 余りの系外銀河は後退速度 v_0 がその銀河までの距離 d に比例しているというハッブルの法則：

$$v_0 \equiv cz = H_0 d \tag{3.14}$$

を発見した（図 3.30）．(3.14) 式の右辺の比例定数 H_0 は，今ではハッブル定数と呼ばれている．

この宇宙のなかで地球が特別な場所にはないという民主主義に立てば，

*18 つまり後退速度が光速を超えることはあるが，光速を超えて伝わるものはないとする相対論には矛盾していない．この後退速度は，正確には天体自身の速度ではなく，座標系の時間的な拡大に対応しているのであり，そのなかで天体が光速を超えて何らかの情報を伝えてはいないからである．

*19 当時は，現在われわれが銀河と呼んでいる天体が，銀河系内の天体なのか，それとも銀河系外の天体なのかがわかっておらず，それらを指して “nebulae” という言葉が用いられていた．

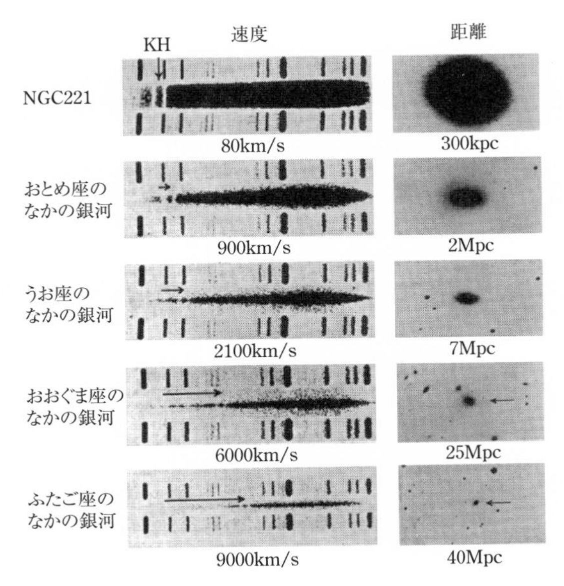

図 **3.31** 赤方偏移と銀河のサイズ．K と H はそれぞれカルシウム吸収線の K 線（3934Å）と H 線（3968Å）に対応する．Hubble, E., *The Realm of the Nebulae*（Yale University Press, 1936）より．

(3.14) 式は宇宙の任意の 2 点に対して成り立つはずだ．そして宇宙のあらゆる 2 点がその距離に比例した速度で遠ざかっているとすれば，それは個々の天体の運動ではなく宇宙そのものが全体として一様等方に膨張しているものと解釈できる．その結果，宇宙のどの点から観測しても十分遠方の天体は遠ざかっており，$\lambda_{\rm obs} > \lambda_{\rm lab}$ という関係が成り立つ．言い換えれば，遠方銀河から発せられた光の波長はつねに長くなる（赤側にずれる）．これが z を赤方偏移と呼ぶ理由である．このように，ハッブルの法則はわれわれの宇宙が膨張していることを示す重要な観測的証拠なのである．

図 3.31 は，ハッブルの有名な著書から転載したもので，カルシウム吸収線の赤方偏移の大きい銀河ほど見かけのサイズが小さい，すなわち，それらが（本来のサイズがほぼ同じであるならば）われわれから遠方に位置していることを直感的に示す優れた図である．

図 3.31 の現代版が図 3.32 である．まず，近くにある星のスペクトル（赤方偏移をうけていない）に注目してほしい．連続スペクトル中にあるギザギ

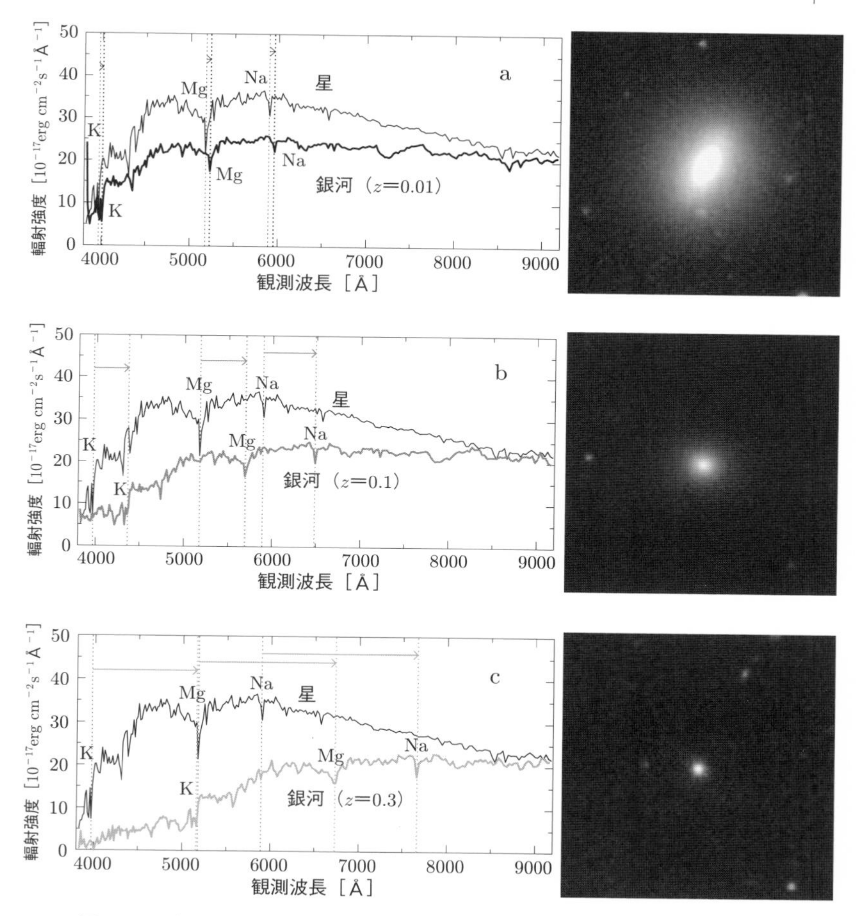

図 **3.32**　銀河のスペクトル（左図）とイメージ（右図）に対する赤方偏移（a：$z=0.01$, b：$z=0.1$, c：$z=0.3$）の影響．左図の 2 本のスペクトルのうち，上は赤方偏移をうけていない星のスペクトル，下は赤方偏移をうけた銀河のスペクトルを表す．ただし，比較しやすいように縦軸の大きさは適宜修正してある．代表的な吸収線（K, Mg, Na）の位置が点線で示してある．右図の 1 辺は $60'' \times 60''$ に対応する．赤方偏移の大きな遠方の銀河ほど，見かけの大きさが小さくなることが見てとれる（矢幡和浩氏提供）．

ザが，その星に存在する元素が示す吸収線や輝線に対応する．とくに顕著な吸収線である，波長 3934 Å のカルシウム（慣例として K 線と呼ばれている），波長 5177 Å のマグネシウム（Mg），波長 5890 Å と 5896 Å のナトリウム（Na）*20の位置に注目しよう．

銀河のスペクトルは，そのなかに存在する無数の星のスペクトルの重ね合わせであるが，星の場合と同じく特性線を同定できる．上述の 3 本の吸収線の位置のずれを赤方偏移の定義である（3.13）式に代入すれば，図 3.32a, b, c の銀河の赤方偏移がそれぞれ $z = 0.01$, $z = 0.1$, $z = 0.3$ であることがわかる．この赤方偏移の値を，距離に換算すればそれぞれ 1.4 億光年，13 億光年，34 億光年に対応する．仮にこれらの銀河の実サイズがほぼ同じであるとすれば，天球上での見かけのサイズは距離に反比例して小さくなるはずだ．右の 3 枚の図はまさにその予想を裏づける．このように図 3.32 は，ハッブルが最初に描いた図 3.31 をよりくわしく示したものとなっている．

3.12 ハッブル–ルメートルの法則

（3.14）式が示唆する宇宙膨張の発見は，われわれの自然観を根底からくつがえした希有な科学的業績である．20 世紀に成し遂げられた科学的発見のうちでベストテン入りは確実であろう．その発見者とされるハッブルは，歴史的発見を成し遂げた大天文学者として歴史に名前を残している一方で，ハッブルの法則の発見に至る過程で大きな貢献をした天文学者たちのほとんどは忘れ去られている．なかでも，ベルギー出身のカトリック神父であるジョルジュ・ルメートル（1894–1966）は，ハッブルより前に「ハッブル」の法則を発見していたことがわかっている*21．

ルメートルの論文は当時その重要性が認められたため，フランス語原論文発表の 4 年後の 1931 年，英国王立天文学会誌にその英訳版*22が掲載されている．しかしほとんどの人が読むことのできる英訳版には，フランス語原論文の本文 25 行分，重要な方程式の一部，脚注 15 行分がごっそりと欠落している．さらに奇妙なことに，それらはいずれも「ハッブル定数」を具体的に計算している部分ばかりなのだ．

---

*20 このようにごく近接した波長にある 2 つの特性線をダブレット（doublet）と呼ぶが，波長分解能が低い場合には分離できず 1 つの線として観測される．

*21 Lemaître, G., *Annales de la Société Scientifique de Bruxelles*, **A47**（1927）49.

*22 Lemaître, G., *MNRAS*, **91**（1931）483.

とくに重要な方程式はフランス語原論文では

$$\frac{R'}{R} = \frac{v}{rc} = \frac{625 \times 10^5}{10^6 \times 3,08 \times 10^{18} \times 3 \times 10^{10}}$$
$$= 0,68 \times 10^{-27}\mathrm{cm}^{-1} \qquad (3.15)$$

となっている[*23]．(3.15) 式からは，ルメートルが自ら導いた「ハッブル定数」$v/r = 625$km/s/Mpc を，1km$= 10^5$cm と 1Mpc$= 10^6 \times 3.08 \times 10^{18}$cm を用いて cgs 単位系に換算し，さらに光速 $c = 3 \times 10^{10}$cm/s で割り算したという計算過程が明らかである．さらに，その式の上にある 3 つの段落とそれに関連した 3 つの脚注において，この 625km/s/Mpc を導いた過程と，文献，太陽系の速度による補正法などに関してもていねいに説明がなされている．

ところが，英訳版ではこの式が単に

$$\frac{R'}{R} = 0 \cdot 68 \times 10^{-27}\mathrm{cm}^{-1} \qquad (3.16)$$

に短縮されたのみならず，それを説明した 3 つの段落と 3 つの脚注が跡形もなく消えさっているのだ．(3.16) 式を眺めただけでは，ルメートルが何を考えてこの数値を書いたのかすぐにはわからない．そのために，英訳版だけからは，ルメートルがハッブル以前に「ハッブル定数」を導いていたとは気づかない．

ここまで来ると，単なる翻訳上のミスとは考えがたい．背後に何らかの意図が働いたのではあるまいかと想像したくなる．この謎は，米国の天文学者マリオ・リビオによって解明された[*24]．しかし結論だけ述べれば，英訳したのも，また問題となった部分を削除したのも，不思議なことにルメートル本人であったようだ．

＊23 ヨーロッパ大陸では，今でも小数点をカンマ (,) で表しドット (.) は 3 桁ごとの位取りを表すことが多いので，この式の 0,68 は日本を含む英米方式にしたがうと 0.68 となる．さらに，かつての英国では小数点を中央におく $0 \cdot 68$ という記法が用いられていたこともあった．フランス語の原論文における (3.15) 式が，英訳版では (3.16) 式となっているのは，そのような状況を反映している．

＊24 Livio, M., *Nature*, **479** (2011) 171. マリオ・リビオ 『偉大なる失敗——天才科学者たちはどう間違えたか』(千葉敏生訳，早川書房，2015)．

さて，このような経緯を背景として，2018年8月にオーストリアのウィーンで開催されたIAU総会において，「ハッブルの法則」を，「ハッブル-ルメートルの法則」と呼ぶことを推奨するという決議案が提案され，会期中の議論を経て，10月4日付でIAU全会員に電子投票の依頼が届いた．締切は10月26日で，29日に発表された結果は，賛成78%，反対20%，留保2%（投票をもつ会員数は11072で，その4割弱にあたる4060人が投票した）で，可決された（私も賛成に一票を投じた）．これ以降「ハッブルの法則」ではなく「ハッブル-ルメートルの法則」がIAU推奨の呼び方となっている．

3.13　赤方偏移と宇宙の年齢

（3.14）式から明らかなようにH_0は時間の逆数の次元をもっている．仮想的に，任意の2点を後退速度v_0で運動を過去にさかのぼれば，現在から$d/v_0 = H_0^{-1}$だけの過去の時点で宇宙全体が1点に収縮してしまうことになる．むろん，v_0は本来時間の関数であるはずなのでこの議論は近似的なものである．とはいえ，現在観測できる範囲の宇宙が今からH_0^{-1}前にはきわめて小さな領域であったことは事実である．このように，現在の宇宙の年齢t_0は細かい係数を別とすれば

$$t_0 \sim H_0^{-1} \approx 3.1 \times 10^{17} h^{-1}\text{秒} \approx 98 h^{-1}\text{億年} \tag{3.17}$$

で与えられる．ここで，hは無次元ハッブル定数：

$$h \equiv \frac{H_0}{100\,\mathrm{km \cdot s^{-1} \cdot Mpc^{-1}}} \tag{3.18}$$

であり，本書ではプランク定数h_Pと区別して用いる．現在の観測的推定値は$h \approx 0.7$である（表5.2参照）[*25]．

---

*25　ただし，ハッブルの原論文の図3.30の直線の傾き（ハッブルは$K = 558\mathrm{km \cdot s^{-1} \cdot Mpc^{-1}}$としている）は，現在の推定値とは8倍も違っている．この値を用いれば宇宙年齢は約18億年．これに対して，放射性同位体元素による年代測定法から推定される地球の年齢は約46億年なので，これでは地球が宇宙より先に誕生したことになってしまう．ただし，同位体年代測定法を確立したアーサー・ホームズ（1890-1965）は1927年の著書 *The age of the Earth, an introduction to geological ideas* において地球の年齢を16-30億年と推定

表 3.3 赤方偏移と宇宙・地球史年表．表 5.2 にしたがって $\Omega_{\rm m} = 0.311$, $\Omega_\Lambda = 0.689$, $h = 0.677$ を用いた．正確な値は仮定した宇宙論パラメータに依存するので，1% 程度の誤差があるものと理解すべき．

z	$t(z)$	$t_0 - t(z)$	備考
0	137.8 億年	0	現在
9×10^{-7}	137.8 億年	1 万 3 千年前	農耕の始まり
2×10^{-5}	137.8 億年	20 万年前	ホモサピエンスの誕生（〜大マゼラン星雲）
3×10^{-4}	137.8 億年	450 万年前	人類の誕生
5×10^{-3}	137.1 億年	6500 万年前	中生代と新生代の恐竜絶滅/霊長類誕生
0.015	135.6 億年	2.2 億年前	恐竜誕生
0.018	135.3 億年	2.5 億年前	古生代と中生代の生物大量絶滅
0.021	134.8 億年	3 億年前	かみのけ座銀河団
0.032	133.3 億年	4.5 億年前	生物の陸上進出
0.038	132.4 億年	5.4 億年前	カンブリア紀大爆発
0.05	130.8 億年	7 億年前	CfA 銀河の最大赤方偏移/スノーボールアース
0.2	112.8 億年	25 億年前	SDSS 銀河の最大赤方偏移/スノーボールアース
0.33	100 億年	38 億年前	地球における生命の誕生
0.41	93 億年	45 億年前	地球の誕生
0.8	68 億年	70 億年前	ダークエネルギーが宇宙を支配
2.5	26 億年	112 億年前	クェーサーの典型的赤方偏移
11	4 億年	134 億年前	観測されているもっとも遠方の銀河
20	2 億年	136 億年前	第一世代天体の誕生 (?)
1100	38 万年	138 億年前	宇宙の中性化（宇宙の晴れ上がり）

銀河分布の 3 次元地図を作成する際に，それぞれの銀河までの距離として用いられるのは，(3.14) 式から逆に定義された「赤方偏移距離」:

$$s \equiv \frac{cz}{H_0} \tag{3.19}$$

である．実際には，z には純粋に宇宙膨張による「速度」のみならず，近傍の銀河や銀河団に重力的に引きよせられることで生まれる「特異」速度 $v_{\rm p}$ の成分も含まれる．したがって，厳密には赤方偏移距離 s と実際の距離 d とは一致しない．たとえば，アンドロメダ銀河はわれわれに対して速度

しており，当時は，ハッブルが推定した宇宙年齢は独立に得られた地球年齢と「素晴らしい一致」を示すものと理解されていたらしい．これは科学の信頼性を過信してはならないとの歴史的教訓でもある．

$cz = -130\,\mathrm{km/s}$ で近づいているから（$z = -4 \times 10^{-4}$ の青方偏移！），(3.19) 式から計算した赤方偏移「距離」は $-1.3\,h^{-1}\,\mathrm{Mpc}$ となってしまうが，本当の距離は約 700 kpc である．一般には v_{p} は 1000 km/s 以下なので，$z \gg z_{\min} = (1000\,\mathrm{km/s})/c \sim 3 \times 10^{-3}$ であれば，宇宙膨張による寄与が卓越する．(3.19) 式は，十分遠方にある天体に対してのみ距離として意味をもつ量なのである．

さらに天文学では z を遠方天体までの距離を表す指標として用いるのみでなく，当時の宇宙の年齢を示す時間座標として用いることも多い．$z_{\min} \ll z \ll 1$ の場合にはこれらの対応は簡単で，赤方偏移距離 s の天体は，現在から $s/c = z/H_0$ だけ過去にあることになる．しかし，z が 1 近くになるとそのような簡単な関係は成り立たず，宇宙を特徴づけるパラメータの値に依存した複雑なものとなる．参考のために，現在の標準的な宇宙モデルにおける赤方偏移と宇宙時刻の対応関係を表 3.3 に示しておく．ただしこれは厳密なものではなく直感的なイメージをつかんでもらうことを目的としたものである[*26]．

3.14 銀河の赤方偏移サーベイ

天球上のある領域を一度にまとめて撮像観測すればよい 2 次元地図とは異なり，銀河の 3 次元地図作成には，個々の銀河の分光観測から赤方偏移を決めるという大変な作業がともなう．当然，膨大な時間を要することになる．宇宙の大構造を一躍有名にしたのは，ハーバード大学スミソニアン研究所の天体物理学センター（Center for Astrophyics）が行った CfA 銀河赤方偏移サーベイである．それによって構築された銀河 1027 個の分布を図 3.33

---

*26　ところで，$z = 7$ の天体を発見した場合，新聞などで「130 億光年先の天体」の発見，と表現することが多い．これは表 3.3 にしたがって，赤方偏移 $z = 7$ に対応する宇宙が今から 130 億年前であることから，そこまでの距離を 130 億光年と述べたものである．しかし実際の距離は 2 倍以上大きい 290 億光年となる．これは宇宙が膨張しているためであるが，宇宙年齢が 138 億年なのに，なぜ 138 億光年より先の天体が観測できるのか，という無意味な混乱と疑問を引き起こすだけである．したがって，「130 億光年先の天体」という表現は，実際の距離を示しているのではなく，「現在から 130 億年だけ過去に存在する天体」の意味であると解釈してほしい．

に示す．上図が天球上の分布で，α と δ は，それぞれ赤経，赤緯と呼ばれる天球上での座標を表す．いわばこの図と直交する方向から眺めた奥行方向分布を表すのが下図である．この図の扇形の中心にわれわれの銀河系が位置する．各々の銀河が 1 つの点に対応し，その点の半径と角度座標がそれぞれ，対応する銀河までの赤方偏移 z と α となっている．上図で示されているように $26.5° < \delta < 32.5°$ の範囲にある銀河がすべて図示されているので，δ の値は下図だけから直接読みとることはできない．

まず，この図で中心から外側（遠方）にいくにつれて銀河の個数が減少しているのは，見かけ上の効果でしかないことを注意しておこう．このサーベイでは，見かけ上の明るさがある値以上の銀河だけをあらかじめ選び出してから分光観測する．したがって，遠くにいけば実際の光度が大きいものしか選ばれないため数が減るわけだ（遠方の暗い銀河は観測が難しいと言い換えてもよい）．図 3.33 に示された CfA 銀河赤方偏移サーベイは，視覚的に連想されるパターンから，宇宙の泡構造，ボイド－フィラメント構造，グレートウォール[*27]といった言葉を宇宙論研究に定着させた．これらの大

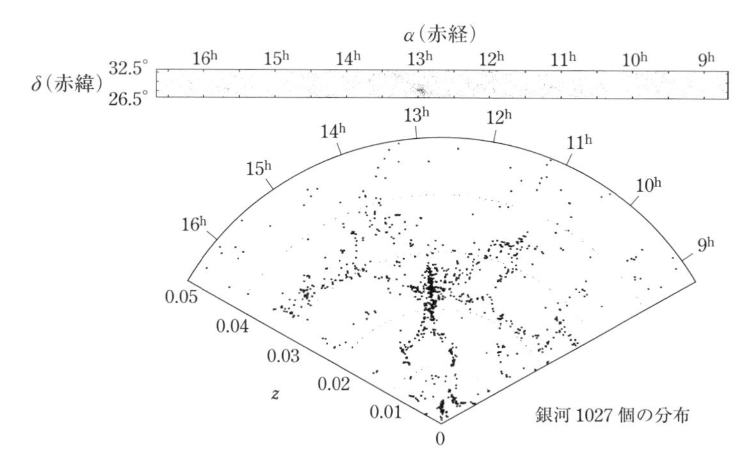

図 **3.33** CfA 銀河赤方偏移サーベイ（$z < 0.05$, $26.5° < \delta < 32.5°$．ここで α と δ は赤経，赤緯と呼ばれる天球面上の位置座標）．de Lapparent, V., Geller, M. J., and Huchra, J. P., *Ap.J.Lett.*, **302** (1986) L1 をもとに作成．

---

*27　中国にある万里の長城（Great Wall）にかけたニックネーム．

構造のスケールは $(30 \sim 100)h^{-1}$ Mpc であるが，原理的に観測できるはずの宇宙の大きさ（宇宙が誕生してから現在までに光が到達できる距離）は $\sim 100\,h^{-1}$ 億光年 $\sim 3000h^{-1}$Mpc にも及ぶ．つまりここで発見された大構造のサイズは全宇宙の数パーセントでしかなく，宇宙の果てにはまだほど遠い．

天文学一般に大きな貢献を果たした歴史的な広域赤方偏移サーベイがスローンデジタルスカイサーベイ（Sloan Digital Sky Survey; SDSS）である．SDSS は 1996 年に観測が開始され，2005 年 7 月に第 1 期観測である SDSS-I が完了した．その後，観測装置と科学的目的を更新しながら，SDSS-II（2005-2008），SDSS-III（2008-2014），SDSS-IV（2014-2020），SDSS-V（2020-）とサーベイが継続されている．日本は SDSS 計画立ち上げ当初から正式に参加しており，SDSS-I と II に参加した博士研究員および大学院学生が，今や国内外の宇宙論研究で大きく活躍している．

SDSS では事前に選ばれた天体の位置に穴を開けたアルミ板からの光ファイバー越しに，一視野で 640 天体の同時分光観測を可能とした（図 3.34）．このアイディアをはじめとして，SDSS を提案し成功に導いた中心的研究者がジム・ガンである（図 3.35）．SDSS-I と II では合わせて 2565 枚のアルミ板が使われたが，そのうち 100 枚は，東京大学ビッグバン宇宙国際研究センターの援助を得て日本国内の公共天文台や中学・高校・大学・教育研究機関などに無償配布されている．私が研究室に保存していた最後の 1 枚も，2018 年 7 月 24 日にオープンした高知みらい科学館のプラネタリウム入口付近の壁に展示されている．

3.15 ハッブルディープフィールド

広域サーベイである SDSS が観測できる銀河は $z = 0.2$ 程度までで，約 25 億光年以内の宇宙に限られる（表 3.3）．地上観測においては大気中の温度ゆらぎによる屈折率の変化のため，条件のよい場所でもせいぜい 0.5 秒角程度の角度分解能しか期待できない．より鮮明な観測を行うには大気圏外から衛星観測を行う必要がある．1990 年 4 月 24 日に打ち上げられた口径 2.4 m のハッブル宇宙望遠鏡（Hubble Space Telescope; HST）は，当初光学系

図 **3.34**　SDSS 多天体分光装置．穴あきアルミ板から 640 本の光ファイバーを分光器につないだところ．

図 **3.35**　SDSS の創始者であるジム・ガン博士（後列中央）と SDSS 日本グループ初期メンバー（ガン博士の京都賞受賞記念研究会後の懇親会にて．2019 年 11 月 13 日撮影）．

の問題でピンぼけ観測しかできなかったが，1993 年 12 月 2 日打ち上げのスペースシャトルエンデバー号による修理の結果，0.1 秒角以下の解像度を達成した．

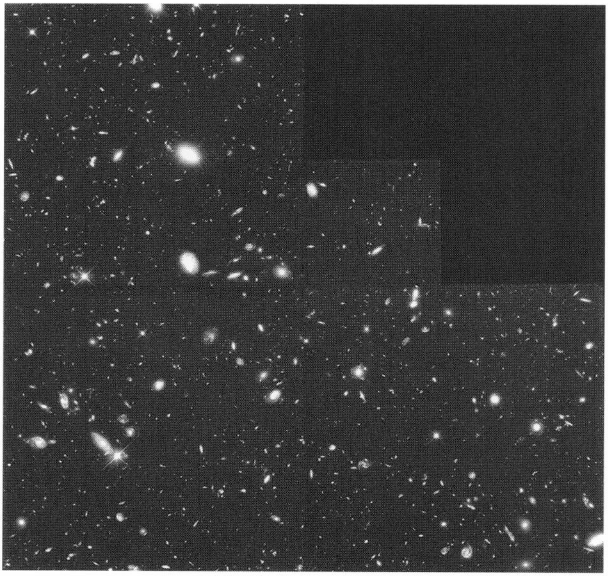

図 **3.36** ハッブル宇宙望遠鏡が観測した深宇宙の画像：Hubble Deep Field.

図 3.36 は，HST が紫外・青・赤・赤外の 4 つの波長域で天球上のわずか一辺 2.6 分角の領域を 342 回にわたってくり返し露光したデータをまとめてつくられた画像で，HDF（Hubble Deep Field）と呼ばれている．さまざまな形状をもつ小さな天体のほとんどが銀河で，合わせて 1500 個以上が観測されている．図 3.36 は宇宙誕生以降約 10 億年から 138 億年の現在に至るまでの銀河進化史を投影しており，人類が観測し得る宇宙の果ての姿の一例を垣間見せてくれる．

3.16 宇宙の階層構造のまとめ

宇宙の構造進化においてもっとも重要となるのは重力である．半径 R, 質量 M の天体の重力的成長の特徴的な時間スケール t_{G} は，自由落下（ケプラー運動）の式：

$$\frac{\mathrm{d}^2R}{\mathrm{d}t^2} = -\frac{GM}{R^2} \tag{3.20}$$

より，大まかには

$$t_{\mathrm{G}} \sim \sqrt{\frac{R^3}{GM}} \sim \frac{1}{\sqrt{G\rho}} \sim 10^7\sqrt{\frac{10^{-22}\ \mathrm{g/cm^3}}{\rho}}\ 年 \tag{3.21}$$

と推定できる．この時間スケールは天体の大きさや質量には依存せず，その質量密度 ρ だけで決まることを強調しておこう．また逆に，(3.21) 式は

$$\rho \sim \frac{1}{Gt_{\mathrm{G}}^2} = \left(\frac{\sqrt{\hbar G/c^5}}{t_{\mathrm{G}}}\right)^2 \frac{c^5}{\hbar G^2} = \left(\frac{t_{\mathrm{pl}}}{t_{\mathrm{G}}}\right)^2 \rho_{\mathrm{pl}} \tag{3.22}$$

と書き換えられる．ここで，t_{pl} と ρ_{pl} は (2.58) 式と (2.9) 式で定義されるプランク時間とプランク密度である．とくに，宇宙の年齢（の目安）である (3.17) 式の $t_0 = H_0^{-1}$ を上式の t_{G} に代入すれば

$$\begin{aligned}\rho_0 &= (H_0 t_{\mathrm{pl}})^2 \rho_{\mathrm{pl}} \sim \left(\frac{5\times 10^{-44}\mathrm{s}}{3\times 10^{17}\mathrm{s}}\right)^2 \times 5\times 10^{93} h^2 \mathrm{g\ cm^{-3}} \\ &\approx 1.4\times 10^{-28} h^2 \mathrm{g\ cm^{-3}}\end{aligned} \tag{3.23}$$

となる（表 2.1 参照）．実際，この値は (5.8) 式で述べるように宇宙の平均密度と（1 桁以内の範囲で）一致している．これはけっして偶然ではなく，この宇宙そのものが重力によって支配されていることの表れなのだ．さらに，現在の宇宙の密度がプランク密度に比べて約 120 桁も小さい理由は，宇宙年齢がプランク時間よりも 60 桁も大きいためだと言い換えられることもわかる．この不自然さについては 6 章でくわしく考察する．

本章で概観した宇宙の階層構造とそれらの典型的スケールを表 3.4 にまとめておいた．R は考えている天体の「典型的な」サイズである．木星や太陽に関しては R は半径というそれなりに明確な量を定義できるのだが，それ以上の階層になると定義は曖昧にならざるを得ず，あくまでその階層の天体がもつ典型的な値，程度の意味でしかない．これは質量 M，質量密度 ρ，力学的時間スケール t_{G} についても同様である．表 3.4 では，ある程度慣用として用いられている数値と一致するように係数をつけてあるが，やはり目

表 3.4 宇宙の天体諸階層の典型的スケール.

天体	R [cm]	M ($M_\odot$)	ρ [g/cm^3]	$t_{\rm G}$[年]
月	2×10^8	3.7×10^{-8}	3.3	3.6×10^{-5}
地球	6×10^8	3.0×10^{-6}	5.5	2.8×10^{-5}
木星	7×10^9	9.5×10^{-4}	1.3	1.4×10^{-4}
太陽	7×10^{10}	1	1.4	10^{-4}
銀河	5×10^{22}	10^{11}	4×10^{-25}	10^8
銀河団	6×10^{24}	10^{14}	2×10^{-28}	4×10^9
宇宙	9×10^{27}	3×10^{22}	10^{-29}	10^{10}

安にすぎないことを注意しておく.

表 3.4 が示すように，宇宙の階層構造の ρ は，ほぼ R あるいは M の単調減少関数であり，$t_{\rm G}$ は R および M に対して単調に増加する．自己重力で集団化している最大スケールの構造である銀河団の場合，進化の時間スケールは宇宙年齢（$\sim$100 億年）と同程度となっている．その結果，逆説的に思われるかもしれないが，宇宙の初期条件の影響をより強く残しているのは，じつは宇宙論的スケールの構造——銀河団，銀河の空間分布パターン——なのである．一方，小さいスケールの構造——惑星，恒星など——は，逆に宇宙の初期条件とは無関係に，その本質は物理法則によって説明できることが期待される．標語的には，「誕生直後の微視的な宇宙の初期条件を知るためには宇宙の最大級の構造を観測せよ」と要約できる．素粒子物理学の解明において宇宙論的天文観測の果たす役割の重要性はこの事実に尽きている.

第4章　微視的世界と巨視的世界をつなぐ

すでに見てきたように自然界にはさまざまな階層が存在する．人間の体を構成する細胞をさらに分割すれば，分子，原子，原子核，クォークという微視的物質の階層に至る．逆に，大きなスケールへ眼をむければ，惑星，恒星，星団，銀河，銀河団，そして宇宙そのものへと至る階層が存在する．このような巨視的世界のスケールを，微視的世界を支配する物理法則によって理解するのが本章の目的である．

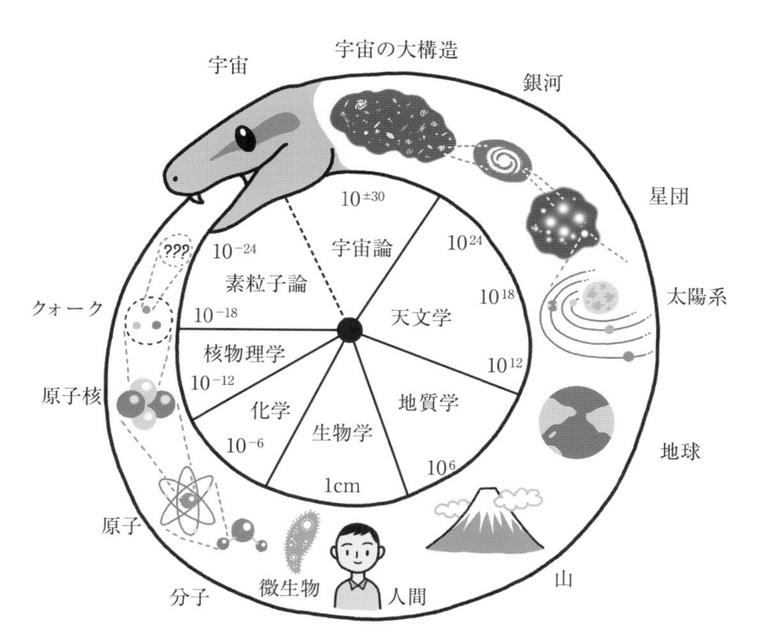

図 **4.1**　自然界の階層構造を示す the snake of sizes（イラスト：いずもり・よう）．

4.1 物理法則と初期条件

素粒子物理学者シェルドン・グラショー（1932-）は自然界のさまざまなスケールを表現した有名な図 4.1 を提案した*1．これは，自分の尾を噛んで環をつくる蛇あるいは竜を意味するウロボロス（Ouroboros）と呼ばれるシンボル*2がその基礎となっている．

自然界に存在するさまざまな階層はなぜ存在しているのか？　それらの本質は物理法則を用いて理論的に解明できるのか？

これらは宇宙のなかで偶然生まれたものにすぎず，物理法則だけから予想することはできないという考え方もあり得る．とくに，生物や天体，宇宙の階層構造はそのようなものかもしれない．ある特定のスケールの階層構造の存在を「仮定」すれば，その性質は物理法則から（ある程度）「予言」できるかもしれない．だからといって，それが自然界に実在する必然性はない．たとえば，物理法則は，自然界の現象に対する微分方程式を与えてくれる．しかし，一般に微分方程式の解は，具体的な初期条件や境界条件が与えられて初めて一意的に決まる．そしてその初期条件や境界条件は物理法則とは無関係に，偶然に左右される（でなければ，それらを定める物理法則があるはずだ）．つまり数学的に正しい解だからといって，この自然界に実在することが保証されているわけではない．

もう少し具体的に宇宙に存在するさまざまな天体について考えてみよう．天体とは重力によって束縛された安定な系であるとみなしてよい．したがって簡単化すれば，その平衡状態は重力と圧力勾配のつりあいの式：

$$\frac{\mathrm{d}P}{\mathrm{d}R} = -\frac{GM\rho}{R^2} \tag{4.1}$$

によって記述されるだろう．ここで，M, P, ρ はこの天体の質量，圧力，密度であり，(4.1) 式は，それらを半径 R の関数として与えるものだ．この

＊1　Glashow, S. L., *Interaction* (Warner Books, 1988).

＊2　始めと終わりがないことから，自己の消尽と更新をくり返す永劫回帰や無限，真理と知識の合体，創造など幅広い意味をもっており，今日の無限大の記号（∞）はこれにちなむとされている．

天体の圧力と密度の間の関係式である状態方程式 $P = P(\rho)$ がわかれば，それに応じて異なる密度分布をもつ天体が，（4.1）式の解として得られる．とはいえ，そのような数学的解はあくまで実際の天体として「存在可能」であるだけで，この宇宙に「実在」する必然性はない．それを誕生させるような物理過程（ある意味では「初期条件」といってもよい）が現実的なものかどうかはまったく別の話なのである．

にもかかわらず，物理法則に矛盾しない限り，それから予言される数学的な解は広い宇宙のどこかで必ず実在しているようなのだ．中心部の核融合反応から得られるエネルギーで安定に存在している恒星（太陽），量子力学的な電子の縮退圧で支えられた白色矮星や中性子の縮退圧で支えられた中性子星，さらには，もはやそれらでは支えることが不可能なブラックホールに至るまで，どうやって誕生したかは完全に解明されていないにもかかわらず，それらがこの宇宙に無数に存在していることは確認されている．それどころか，重要な天文学的情報源として日常的な観測対象にすらなっているのだ．これはけっして自明ではなく，驚くべき事実というべきだ．

以下の節では，これらの天体諸階層の性質を，観測事実を用いることなく，既知の物理法則だけから導いてみる．この試みを通じて，巨視的な宇宙が微視的な物理法則に従っている，さらにはそれらに支配されていることを同時に実感してほしい．

4.2 木星型（ガス）惑星

まず，天体の自己重力によって物質の微視的構造そのものが影響を受け始めるような限界質量を求めてみよう．簡単のために，水素原子 N 個からなる球を考えれば，その質量 M は陽子の質量 m_{p} を用いて

$$M = N m_{\mathrm{p}} \tag{4.2}$$

となる．重力が原子の構造自体を変えるほど強くないとすれば，この球の半径はボーア半径を用いて

$$R \sim N^{1/3} r_{\mathrm{B}} = N^{1/3} \frac{\hbar^2}{m_{\mathrm{e}} e^2} \tag{4.3}$$

で与えられる．重力が球内部の原子の構造を変えないという仮定は，重力エネルギーが原子の全静電エネルギー以下という条件：

$$\frac{GM^2}{R} < N\frac{e^2}{r_{\mathrm{B}}} \tag{4.4}$$

に言い換えられるであろう．(4.2) 式と (4.3) 式を (4.4) 式に代入して N に対する条件を求めると，

$$\frac{GN^2 m_{\mathrm{p}}^2}{N^{1/3} r_{\mathrm{B}}} < N\frac{e^2}{r_{\mathrm{B}}}$$
$$\to N < \left(\frac{e^2}{Gm_{\mathrm{p}}^2}\right)^{3/2} = \left(\frac{\alpha_{\mathrm{E}}}{\alpha_{\mathrm{G}}}\right)^{3/2} \approx 1.4 \times 10^{54} \tag{4.5}$$

が得られる．ここで，α_{E} と α_{G} はそれぞれ (2.22) 式で定義された電磁気力の強さを示す微細構造定数：

$$\alpha_{\mathrm{E}} \equiv \frac{e^2}{\hbar c} \approx \frac{1}{137}, \tag{4.6}$$

(2.51) 式で定義された重力の強さを示す「重力」微細構造定数：

$$\alpha_{\mathrm{G}} \equiv \frac{Gm_{\mathrm{p}}^2}{\hbar c} = \left(\frac{m_{\mathrm{p}}}{m_{\mathrm{pl}}}\right)^2 \approx 5.9 \times 10^{-39} \approx 8.1 \times 10^{-37}\alpha_{\mathrm{E}} \tag{4.7}$$

で，m_{pl} は (2.52) 式で定義されたプランク質量を表す．

(4.5) 式を，対応する天体の質量 M と半径 R に対する条件に書き直せば

$$M < \left(\frac{\alpha_{\mathrm{E}}}{\alpha_{\mathrm{G}}}\right)^{3/2} m_{\mathrm{p}} \approx 2.3 \times 10^{30}\,\mathrm{g}, \tag{4.8}$$

$$R < \left(\frac{\alpha_{\mathrm{E}}}{\alpha_{\mathrm{G}}}\right)^{1/2} r_{\mathrm{B}} \approx 5.9\,\text{万}\,\mathrm{km} \tag{4.9}$$

となる．これらの条件を満たす天体が存在するならば，それを構成する原子の微視的構造は影響を受けないまま，巨視的な重力束縛系となるはずだ．この場合，天体の密度 ρ は R や M の値とは無関係に

$$\rho \approx \frac{M}{R^3} = \frac{m_{\mathrm{p}}}{r_{\mathrm{B}}^3} \approx 11\,\mathrm{g/cm^3} \tag{4.10}$$

に決まる．

(4.8) 式と (4.9) 式の右辺の上限値が，太陽系内の最大の惑星である木星の値 ($M_{\mathrm{J}} \approx 1.9 \times 10^{30}$ g および $R_{\mathrm{J}} \approx 7.1$ 万 km) とよく一致している

ことは興味深い（表 3.1）．ただし，密度の値が 1 桁程度ずれている（$\rho_{\rm J} \approx 1.3\,{\rm g/cm^3}$）ことからもわかるように，ここで述べた考察はかなり定性的な議論にすぎない．したがって，数値そのものの一致というよりも，巨視的な天体のサイズが，微視的な物理法則を記述する基本定数，$\alpha_{\rm E}$, $\alpha_{\rm G}$, $r_{\rm B}$, $m_{\rm p}$ だけを用いて単純な形に書き下せるという事実に注目してほしい．

4.3 地球型（岩石）惑星

上述の議論で，なぜ地球ではなく木星に対する値が導かれたのか不思議に思う方がいるかもしれない．その理由は単に主成分を水素原子として出発したためである．地球のように岩石，すなわち重元素からなる天体の場合には，その成分の平均質量数を A として（4.2）式を

$$M = ANm_{\rm p} \tag{4.11}$$

に変更しなくてはならない．一方，最外殻の電子軌道を考える限り，重元素のサイズはやはり $r_{\rm B}$ 程度であるから，（4.3）式は同様に成り立つとしてよい．そこで（4.11）式を用いて（4.4）式から（4.10）式の議論をくり返せば，

$$N < \frac{1}{A^3}\left(\frac{\alpha_{\rm E}}{\alpha_{\rm G}}\right)^{3/2}, \tag{4.12}$$

および

$$M < \left(\frac{\alpha_{\rm E}}{\alpha_{\rm G}}\right)^{3/2}\frac{m_{\rm p}}{A^2}, \quad R < \left(\frac{\alpha_{\rm E}}{\alpha_{\rm G}}\right)^{1/2}\frac{r_{\rm B}}{A}, \quad \rho \approx \frac{Am_{\rm p}}{r_{\rm B}^3} \tag{4.13}$$

という条件が得られる．

表 2.3 からわかるように地球の主な成分の元素は $A \approx 20$ なので，上記の不等式は $R < 3000\,{\rm km}$, $M < 5 \times 10^{27}\,{\rm g}$, $\rho \approx 200\,{\rm g/cm^3}$ となり，実際の値 $R_\oplus \approx 6400\,{\rm km}$, $M_\oplus \approx 6 \times 10^{27}\,{\rm g}$, $\rho_\oplus \approx 5.5\,{\rm g/cm^3}$ とそれなりの一致を示す（表 3.1）．この場合もまた密度の値の違いが気になるかもしれない．しかしこのような大まかな議論で半径と質量がここまで一致したことこそ，「できすぎ」と解釈すべきなのだろう．

4.4 恒星（主系列星）

再び水素を主成分とする天体の場合にもどる．その質量が（4.8）式の上限を超えると，巨視的な重力の効果によってその構成物質の微視的構造が変化を受け始める．具体的には，重力が強くなるために圧縮されて密度が高くなり，原子間の平均距離 $2d$ が $2r_{\mathrm{B}}$ よりも小さくなるはずだ．（4.4）式を一般化して，この場合に天体が満たす平衡条件を導こう．

まず，r_{B} を「換算」ド・ブロイ波長とみなしたときの電子の運動量は（2.3）式より $\hbar/r_{\mathrm{B}}$ である．また，$r_{\mathrm{B}} = \lambda_{\mathrm{e}}/\alpha_{\mathrm{E}} \gg \lambda_{\mathrm{e}}$ なので，（2.36）式よりこの電子は非相対論的であり，その運動エネルギーは

$$\frac{1}{2m_{\mathrm{e}}}\left(\frac{\hbar}{r_{\mathrm{B}}}\right)^2 = \frac{\hbar^2}{2m_{\mathrm{e}}}\frac{m_{\mathrm{e}}e^2}{\hbar^2}\frac{1}{r_{\mathrm{B}}} = \frac{e^2}{2r_{\mathrm{B}}} \tag{4.14}$$

で与えられる．（4.14）式は，本質的には（4.4）式の右辺，すなわち電子の静電エネルギーに対応する[*3]．他方，（4.4）式で無視していた陽子の運動エネルギーは，天体の密度が高くなると無視できなくなる．そしてそれは，

$$\frac{p^2}{2m_{\mathrm{p}}} \approx k_{\mathrm{B}}T \tag{4.15}$$

のように天体を構成する物質の温度 T と解釈してよい．ちなみに，（4.1）式の両辺に R^4 をかければ，その左辺は近似的に圧力と体積の積になり，さらに理想気体の状態方程式を思い浮かべれば，それは温度と全粒子数の積に等しくなる[*4]．その場合の右辺は全重力エネルギーに帰着する．これらを具体的に書き下せば以下の通り．

$$\frac{\mathrm{d}P}{\mathrm{d}R}R^4 \sim PR^3 \propto NT, \tag{4.16}$$

$$-\frac{GM\rho}{R^2}R^4 = -\frac{GM}{R}\rho R^3 \propto -\frac{GM^2}{R}. \tag{4.17}$$

以上より，（4.4）式が示すエネルギーのつり合いは，本質的には（4.1）

*3　このように１つの現象をいくつかの異なる言葉で理解できるところが物理学の面白さ・醍醐味の１つである．

*4　ここでも係数は無視してあくまで物理量の次元を議論しているものと理解すればよい．

式と同じであることがわかる．したがって，(4.4) 式あるいは (4.1) 式は

$$N\left[k_{\mathrm{B}}T+\frac{\hbar^2}{m_{\mathrm{e}}d^2}\right]\approx\frac{GM^2}{R} \tag{4.18}$$

と一般化できる．ただしこの場合，天体の質量と半径は

$$M\approx Nm_{\mathrm{p}},\qquad R\approx N^{1/3}d \tag{4.19}$$

を満たす．

(4.18) 式の左辺で温度 T の項を無視し，$d=r_{\mathrm{B}}$ とすれば (4.4) 式に帰着する．(4.18) 式において，運動エネルギーの前の係数 1/2 がついたりつかなかったりするのが気になるかもしれないが，そもそも右辺の重力エネルギーの前の正確な係数も無視しているわけで，あくまで桁の議論にすぎないものと了解してほしい*5.

(4.18) 式より，平衡状態にある天体の温度 T は，その内部の原子間平均距離 $2d$ を用いて

$$T(d)=\frac{GN^2m_{\mathrm{p}}^2}{k_{\mathrm{B}}N^{4/3}d}-\frac{\hbar^2}{k_{\mathrm{B}}m_{\mathrm{e}}d^2}=\frac{1}{k_{\mathrm{B}}}\left(\frac{GN^{2/3}m_{\mathrm{p}}^2}{d}-\frac{\hbar^2}{m_{\mathrm{e}}d^2}\right) \tag{4.20}$$

で与えられる．ここで，電子の運動エネルギーとして非相対論的近似式を用いているから，以下の議論は (2.29) 式より

$$d>\lambda_{\mathrm{e}}\equiv\frac{\hbar}{m_{\mathrm{e}}c} \tag{4.21}$$

を満たす場合のみに成り立つ．

ここでいよいよ，天体を「恒星」と呼び得る条件を定義しよう．恒星はその中心部で水素が核融合を起こしてヘリウムを形成する際のエネルギーによって輝いている系である（より正確にはこれは星の進化において「主系列」と呼ばれる段階に対応する）．水素の原子核である陽子は正電荷をもっているため，お互いが近づくとクーロン斥力が働く．核融合を進行させるには，天体の中心部が十分高温高密度になり，陽子がこのクーロン障壁を越えられ

*5 そう言われてもなお気になって仕方ない読者もいらっしゃることと思う．残念ではあるが，そのような方々には天体物理学以外の道に進まれることを強くお勧めするしかない．逆にこのようなおおらかさが気に入ってもらえれば，その方は天体物理学者向きである．

るだけの運動エネルギーをもつ必要がある．

具体的に運動量 p をもつ陽子を考えてみよう．対応する換算ド・ブロイ波長 $\hbar/p$ だけ離れた陽子間のクーロン力よりも，（非相対論的）陽子の運動エネルギーのほうが大きければ，これらの陽子はクーロン障壁を越えて核反応を起こし得るであろう．この条件を具体的に書き下せば

$$\frac{p^2}{m_\mathrm{p}} > \frac{e^2}{\hbar/p} \quad \rightarrow \quad p > \frac{m_\mathrm{p} e^2}{\hbar} = \alpha_\mathrm{E} m_\mathrm{p} c = \left(\frac{m_\mathrm{p}}{m_\mathrm{e}}\right) \frac{\hbar}{r_\mathrm{B}} \tag{4.22}$$

となる．（4.15）式を用いれば，（4.22）式は天体の温度に対する条件：

$$k_\mathrm{B} T > k_\mathrm{B} T_* \equiv \alpha_\mathrm{E}^2 m_\mathrm{p} c^2 \approx 50\,\mathrm{keV} \approx 6\,\text{億度} \tag{4.23}$$

に言い換えられる．したがって，（4.20）式から決まる温度 $T(d)$ が T_* 以上であれば，この天体は恒星としての条件を満たすはずだ．

（4.20）式を d の関数として眺めれば，T のとり得る値にはある上限が存在することがわかる．d が大きい極限では T はほとんど 0 である一方，d をどんどん小さくしていけば第 2 項が勝ち T の値は負になってしまう．もちろん，物理的には後者はあり得ない．陽子同士がある距離以下まで近づくことができないだけである．このように，$T(d)$ がある上限値をもつことは直感的にも理解できる．この上限値 T_max とその際の距離 d_crit を具体的に計算すれば

$$T_\mathrm{max} = \frac{N^{4/3} m_\mathrm{e} \alpha_\mathrm{G}^2 c^2}{4 k_\mathrm{B}} \approx 5 \times 10^8 \left(\frac{N}{10^{57}}\right)^{4/3} \mathrm{K}, \tag{4.24}$$

$$d_\mathrm{crit} = \frac{2}{N^{2/3} \alpha_\mathrm{G}} \lambda_\mathrm{e} \approx 0.01 \left(\frac{10^{57}}{N}\right)^{2/3} \text{Å} \tag{4.25}$$

となる．

この温度 T_max が（4.23）式：

$$T_\mathrm{max} > T_* \quad \rightarrow \quad \frac{N^{4/3} m_\mathrm{e} \alpha_\mathrm{G}^2 c^2}{4} > \alpha_\mathrm{E}^2 m_\mathrm{p} c^2 \tag{4.26}$$

を満たせば，その天体を（核融合を起こすような d の値が存在し得るという意味で）恒星と呼んでよかろう．さらに（4.26）式を変形すれば，そのなかの原子の個数 N と天体の質量 M に対してそれぞれ

$$N > \left(\frac{4m_\mathrm{p}}{m_\mathrm{e}}\right)^{3/4} \left(\frac{\alpha_\mathrm{E}}{\alpha_\mathrm{G}}\right)^{3/2} \approx 1 \times 10^{57}, \tag{4.27}$$

$$M > \left(\frac{4m_\mathrm{p}}{m_\mathrm{e}}\right)^{3/4} \left(\frac{\alpha_\mathrm{E}}{\alpha_\mathrm{G}}\right)^{3/2} m_\mathrm{p} \approx 2 \times 10^{33}\mathrm{g} \tag{4.28}$$

という条件がつく．ただし，(4.25) 式で定義される d_crit に対して，電子が非相対論的であるために，(4.21) 式，すなわち

$$N < \left(\frac{2}{\alpha_\mathrm{G}}\right)^{3/2} = 2\sqrt{2}\left(\frac{m_\mathrm{pl}}{m_\mathrm{p}}\right)^3 \approx 6 \times 10^{57} \tag{4.29}$$

を満たす必要がある*6．つまり，その質量は

$$M < \left(\frac{2}{\alpha_\mathrm{G}}\right)^{3/2} m_\mathrm{p} = 2\sqrt{2}\left(\frac{m_\mathrm{pl}}{m_\mathrm{p}}\right)^3 m_\mathrm{p} \approx 1 \times 10^{34}\mathrm{g} \tag{4.30}$$

を満たさなくてはならない．

一方，その天体の半径 $R \approx N^{1/3}d$ と平均質量密度 $\rho \approx M/R^3$ は，d が変数としての自由度をもつため，正確にその条件を求めようとするとやや面倒になる*7．しかし本書で展開しているような「桁」の議論では，d として (4.25) 式の値を選んだ場合の結果：

$$R \approx \frac{2}{N^{1/3}\alpha_\mathrm{G}}\lambda_\mathrm{e} < \left(\frac{4m_\mathrm{e}}{m_\mathrm{p}}\right)^{1/4} \left(\frac{\alpha_\mathrm{E}}{\alpha_\mathrm{G}}\right)^{1/2} r_\mathrm{B} \approx 1.3\,万\,\mathrm{km}, \tag{4.31}$$

$$\rho \approx \frac{m_\mathrm{p}}{8r_\mathrm{B}^3}\left(\frac{\alpha_\mathrm{G}}{\alpha_\mathrm{E}}\right)^3 N^2 > \frac{m_\mathrm{p}}{r_\mathrm{B}^3}\left(\frac{m_\mathrm{p}}{m_\mathrm{e}}\right)^{3/2} \approx 9 \times 10^5\ \mathrm{g/cm^3} \tag{4.32}$$

を近似的な条件として採用すればよいだろう．また (4.29) 式から半径に対して

$$R \approx \frac{2}{N^{1/3}\alpha_\mathrm{G}}\lambda_\mathrm{e} > \sqrt{2}\left(\frac{m_\mathrm{pl}}{m_\mathrm{p}}\right)\lambda_\mathrm{e} \approx 7000\,\mathrm{km} \tag{4.33}$$

という条件もつく．

ここで導かれた天体のスケールは，微視的な世界を支配する「物理法則」だけから理論的に予言されたものにすぎない．つまり現実の天体に関する観測的情報は何一つ利用していない反面，この理論的天体がわれわれが「恒星」と呼ぶ存在に対応する保証もない．そのうえで，上記の値を，現実の

*6　式の変形では念のため数係数を残してあるが，その値にはあまり意味がない．以下同様．

*7　(4.27) 式を満たす N に対して $T(d) > T_*$ となる d の範囲を求める必要があるため．

太陽の値と比べてみよう．表3.1より太陽質量は$M_\odot \approx 2 \times 10^{33}$gであり，(4.28) 式の右辺の下限値と驚くべき一致を示す．一方，太陽の半径は$R_\odot \approx 70$万km，平均密度は1.41 g/cm^{3}なので，(4.31) 式の上限値，および (4.32) 式の下限値とは，それぞれ50倍，100万倍もの違いがある．

この大きな食い違いの理由は主に2つある．最大の理由は，(4.26) 式は，天体の「平均」温度が核融合が進行できるほど高温であることを要請してしまっている点だ．実際に太陽で核融合が起こっているのは，$R < 0.2R_\odot$程度のかなり中心部に近い領域でしかない．つまりここでの議論は核融合を起こしている太陽の中心部に対するものであり，太陽全体の平均値と比べるべきではないのだ．より正確には，星の密度分布の半径依存性まで考慮する必要がある．もう1つは，トンネル効果と呼ばれる純粋に量子論的な効果のためである．古典的にはクーロン障壁を越えられないような陽子であっても，いわゆる量子論的トンネル効果のために，(4.23) 式より1桁以上低い温度であっても核融合が進行するのだ．

上述の2点はいずれも，(4.27)-(4.32) 式が実際よりも厳しい条件となっていることを意味する．たとえば，核融合を起こしている太陽の中心部の温度は1.6×10^7 K，中心密度は156 g/cm^{3}であるのに対して，表面温度は約5800 Kでしかない．そこである定数f_{T}を導入して，(4.26) 式の右辺を$f_{\mathrm{T}}\alpha_{\mathrm{E}}^2 m_{\mathrm{p}}c^2$に置き換えると，(4.28) 式は

$$M > \left(\frac{4f_{\mathrm{T}}m_{\mathrm{p}}}{m_{\mathrm{e}}}\right)^{3/4}\left(\frac{\alpha_{\mathrm{E}}}{\alpha_{\mathrm{G}}}\right)^{3/2} m_{\mathrm{p}} \approx f_{\mathrm{T}}^{3/4} M_\odot \tag{4.34}$$

と変更される．たとえば$f_{\mathrm{T}} = (1.6 \times 10^7/6 \times 10^8) \approx 0.027$とすれば，$f_{\mathrm{T}}^{3/4} \approx 0.07$である．実際，より正確な計算では，主系列星の質量の下限値は0.08 $M_\odot$程度，上限値は数百$M_\odot$程度とされ，上記で示された条件よりも広い範囲となる．

とはいえ，このような限界を認識したうえでも，(4.27)-(4.32) 式は十分観賞にたえる結果であろう．巨視的天体の代表である太陽の典型的なサイズが，陽子と電子の質量比$m_{\mathrm{p}}/m_{\mathrm{e}}$，重力と電磁相互作用の結合定数の比$\alpha_{\mathrm{G}}/\alpha_{\mathrm{E}}$，ボーア半径$r_{\mathrm{B}}$，陽子質量$m_{\mathrm{p}}$，など微視的世界を支配する基本定数だけを用いて簡単な式で書き下せるのである．さらにもしもこの単純な予言と実際の観測値のずれを深刻に考えれば，巨視的な天体の振る舞いから，微

視的世界を支配する量子論的効果の存在まで結論できるかもしれない．つまり，巨視的世界の階層は微視的世界の物理法則と密接な関係にあるどころか，それらを探る実験室として使えることを端的に示しているのだ．

4.5 白色矮星

4.2–4.4 節の議論は，天体を構成する物質中の電子が非相対論的であることを仮定していた．では，電子が相対論的な運動量をもつ場合にはどう変更されるのだろう．これは，(2.35) 式より，物質の密度が上がり原子間隔 d が電子の換算コンプトン波長 λ_{e} 以下になった状況：

$$d < \lambda_{\mathrm{e}} \equiv \frac{\hbar}{m_{\mathrm{e}}c} \tag{4.35}$$

に対応する．実はこの場合でも，電子のエネルギーの表式が (2.29) 式から (2.28) 式：

$$E = pc = \frac{\hbar c}{d}(> m_{\mathrm{e}}c^2) \tag{4.36}$$

に変更される点に注意して，今までと同じ議論をくり返せばよい．

天体の質量と半径は (4.2) 式と (4.3) 式と同様に

$$M = Nm_{\mathrm{p}}, \qquad R = N^{1/3}d \tag{4.37}$$

で与えられるので，(4.4) 式に対応する条件は，(4.36) 式の相対論的電子のエネルギーと天体の重力エネルギーを比較して

$$NE = N\frac{\hbar c}{d} > \frac{GM^2}{R} \tag{4.38}$$

となる．この式に (4.37) 式を代入して変形すれば

$$\frac{\hbar c N^{4/3}}{R} > \frac{GN^2 m_{\mathrm{p}}^2}{R} \tag{4.39}$$

となるので，R には無関係に

$$N < \left(\frac{\hbar c}{Gm_{\mathrm{p}}^2}\right)^{3/2} = \alpha_{\mathrm{G}}^{-3/2} = \left(\frac{m_{\mathrm{pl}}}{m_{\mathrm{p}}}\right)^3 \approx 2 \times 10^{57} \tag{4.40}$$

という条件が得られる．

この式は実質的には（4.29）式と同じ結果を与えるが（$2\sqrt{2}$ などという係数はこれまでの議論の近似のレベルを考えると無視して差し支えない），その意味するところは異なる．（4.29）式は非相対論的電子を考えた近似の整合性から得られた条件であるのに対して，（4.40）式は相対論的な電子をもつ高密度天体が自らの重力を支えるための条件なのである．言い換えれば，（4.29）式を満たさない場合にはそのままでは正しくないだけだが，（4.40）式は，相対論的効果を考慮したとしても安定に存在できる天体には限界があることを示す．

通常は，（4.40）式を質量に書き直して

$$M < \frac{m_{\mathrm{p}}}{\alpha_{\mathrm{G}}^{3/2}} = \left(\frac{m_{\mathrm{pl}}}{m_{\mathrm{p}}}\right)^3 m_{\mathrm{p}} \approx 4 \times 10^{33}\mathrm{g} \approx 2M_{\odot} \qquad (4.41)$$

と表すことが多い．（4.41）式自身はその天体の半径 R には依存しないが，R の値には電子が相対論的になる条件式（4.35）と（4.40）式を組み合わせて，

$$R = N^{1/3}d < \frac{\lambda_{\mathrm{e}}}{\alpha_{\mathrm{G}}^{1/2}} = \left(\frac{m_{\mathrm{pl}}}{m_{\mathrm{p}}}\right)\lambda_{\mathrm{e}} \approx 5 \times 10^3\ \mathrm{km} \qquad (4.42)$$

という条件が課せられる．この右辺の値はほぼ地球の半径に相当する．

全天で一番明るい星であるシリウスは約 50 年周期で公転する連星系をなしている．1915 年ウォルター・アダムス（1876–1956）は，その伴星であるシリウス B が太陽ほどの質量をもちながら天王星以下の半径しかもたない奇妙な星であることを発見した（図 4.2）．しかし，このような「白色矮星」が相対論的電子の圧力（正確には「縮退圧」と呼ばれる量子論的効果である）によって支えられたものであるという理解は，電子がしたがう量子論的性質（フェルミ・ディラック統計）が発見される 1926 年まで待つ必要があった．

（4.41）式の右辺は，1932 年にスブマリアン・チャンドラセカール（1910–1995）によって発見された相対論的電子の縮退圧で支えられる白色矮星の上限質量であるチャンドラセカール質量 M_{Ch} に対応する．正確には，白色矮星の物質組成によって若干異なる値をとるが，通常は $M_{\mathrm{Ch}} \approx 1.4M_{\odot}$ である．ではさらにこれよりも大質量の天体は，どのような運命を

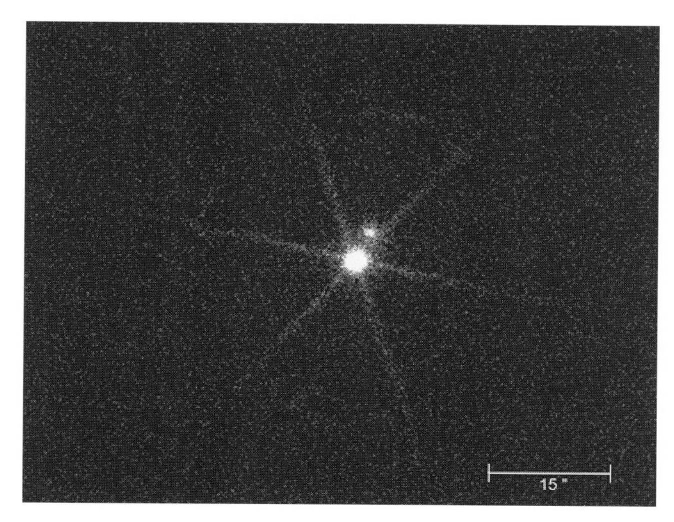

図 **4.2** X 線衛星チャンドラによるシリウスの X 線画像．中心にあるのがシリウス B で，その右上のやや暗い天体が主星であるシリウス A（ただし，可視光で観測するとこちらのほうが圧倒的に明るい）．中心から放射状に見える線は観測機器による見かけ上のものである．

たどるのであろうか？

密度があまり高くなく，電子が非相対論的である天体の場合には，(4.21) 式を満たす d に対応した半径をもつ恒星として輝く．しかし，十分時間がたちすべての水素が燃え尽きてヘリウムに変換されれば，もはや重力を支えるだけのエネルギー源を失ってしまう．したがって，さらに収縮が進み密度が上がる結果，電子は相対論的になる．その場合の天体の全エネルギーは (4.39) 式より

$$E_{\rm tot} = \frac{1}{R}\left(\hbar c N^{4/3} - GN^2 m_{\rm p}^2\right) = \frac{GM^2}{R}\left[\left(\frac{M_{\rm Ch}}{M}\right)^{2/3} - 1\right] \quad (4.43)$$

となり，$M > M_{\rm Ch}$ に対しては負の値をとる．したがって，R が小さくなれば $E_{\rm tot}$ の値はさらに小さくなる．これを物理的に解釈すれば，そのような天体は重力収縮して半径が減少し続けることを意味する．このようにチャンドラセカール質量以上の白色矮星は安定に存在できないのである．

4.6 中性子星

実際には上述の白色矮星以上の高密度天体は，その主成分が中性子にうつる．まずその理由を説明しよう．原子核を構成する中性子以外の自由な中性子は不安定で，

$$\mathrm{n} \to \mathrm{p} + \mathrm{e}^- + \overline{\nu}_\mathrm{e} \tag{4.44}$$

という反応（β 崩壊と呼ばれる）を通じて陽子，電子，および反電子ニュートリノに崩壊する．中性子と陽子の質量差は

$$Q \equiv m_\mathrm{n} - m_\mathrm{p} \approx 1.29\,\mathrm{MeV} \tag{4.45}$$

なので，電子と反電子ニュートリノはほぼこの Q 程度のエネルギーをもって放出される．これとは逆に，Q 以上のエネルギーを持った電子が陽子に衝突すれば

$$\mathrm{p} + \mathrm{e}^- \to \mathrm{n} + \nu_\mathrm{e} \tag{4.46}$$

という「逆」β 崩壊あるいは電子捕獲反応が起こり，陽子が中性子に変化してしまう．(4.36) 式からもわかるように，高密度物質中ではまさにこの状況が実現し得る．(4.44) 式の反応の平均寿命（対数半減期）は

$$\tau_\mathrm{n} = (886.7 \pm 1.9)\,\text{秒} \qquad (\text{半減期：}\tau_{1/2} \equiv \tau_\mathrm{n} \ln 2 \approx 10.2\,\text{分}) \tag{4.47}$$

なので，通常の状況では中性子はすみやかに再び β 崩壊を起こし，陽子にもどる．しかし高密度天体の場合，その崩壊先となるはずの陽子と電子のエネルギー状態がすでに占有されているために中性子は崩壊できず，中性子のまま安定にとどまることになる[*8]．

このような「中性子化」が進行すると，やがて電子ではなく相対論的な中性子がになう圧力（これも正確には量子論的な「縮退圧」）が重力とつりあって安定状態になる天体，すなわち中性子星，が誕生するのではないかと考

---

*8　これもまた，陽子と電子がフェルミ・ディラック統計にしたがうという量子論的性質に起因している．

えたのは，ロシアの理論物理学者レフ・ランダウ（1908–1968）が最初で，1932年ジェームズ・チャドウィック（1891–1974）によって中性子が発見された直後だとの逸話が広く流布している．ただし，この有名な逸話は真実ではなく，かなり歪められて伝わったものらしい*9.

中性子星の質量と半径も白色矮星の場合とまったく同様に推定できる．まず，（4.35）式において，電子の質量 m_{e} を中性子の質量 m_{n} に置き換えて，中性子が相対論的になる条件：

$$d < \lambdabar_{\mathrm{n}} \equiv \frac{\hbar}{m_{\mathrm{n}} c} \approx 2.1 \times 10^{-14}\,\mathrm{cm} \tag{4.48}$$

を課す．（4.39）式の両辺で d の依存性は相殺するため，（4.40）式と（4.41）式は，この（4.48）式の条件とは無関係に，中性子星についても同じく成り立つ．つまり，中性子星の質量は白色矮星と同じく約 $1M_{\odot}$ なのである．

一方，中性子星の半径に関しては（4.42）式で電子の質量 m_{e} を中性子の質量 m_{n} に置き換える必要がある．ただし，中性子の質量 m_{n} と陽子の質量 m_{p} はほとんど同じなので（$m_{\mathrm{n}} = 1.0014\,m_{\mathrm{p}}$），近似的に m_{n} の代わりに m_{p} を用いることにすると

$$R = N^{1/3} d < \frac{\lambdabar_{\mathrm{n}}}{\alpha_{\mathrm{G}}^{1/2}} = \left(\frac{m_{\mathrm{pl}}}{m_{\mathrm{p}}}\right)\left(\frac{m_{\mathrm{e}}}{m_{\mathrm{p}}}\right)\lambdabar_{\mathrm{e}} \approx 3\,\mathrm{km} \tag{4.49}$$

が得られる．より正確な推定によれば，中性子星の典型的質量と半径はそれぞれ $1.4M_{\odot}$，10 km とされる*10．これに対応する平均密度は

$$\rho \sim 10^{15}\,\mathrm{g/cm^3} \tag{4.50}$$

となる．たとえば中性子星を構成する物質は，角砂糖1個の体積が10億トンの質量になるほどの，とてつもない高密度なのだ．

そのような天体をこの宇宙で誕生させることは不可能に思える．そのため中性子星はあくまで理論的に魅力ある仮説として注目を集め研究されたものの，それが実在すると考えていた人はほとんどいなかった．しかし，

---

*9 Yakovlev, D.G., Haensel, P., Baym, G., and Pethick, C.J., "Lev Landau and the conception of neutron stars", arXiv:1210.0682.

*10 とくに半径の値は（4.49）式の結果からずれているように思えるが，換算コンプトン波長 $\lambdabar_{\mathrm{e}}$ の代わりに通常のコンプトン波長 λ_{e} を用いれば 2π だけ値が大きくなるので気にする必要はない．

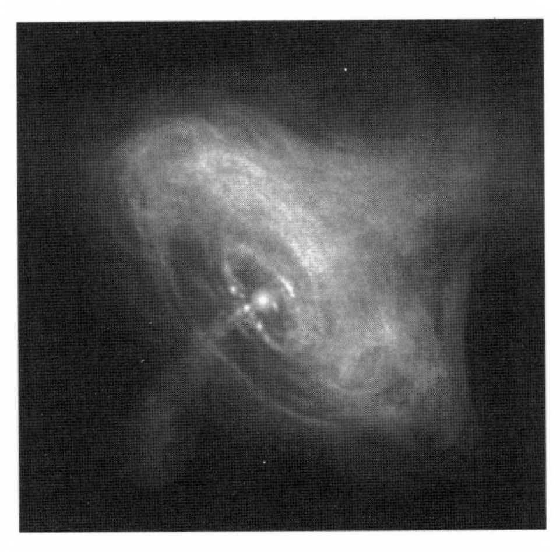

図 4.3　X 線衛星チャンドラによるかに星雲中心部の X 線画像．かに星雲はおうし座にある 1054 年に観測された超新星爆発の残骸である．中心の明るい天体がかにパルサーと呼ばれる中性子星で，周期約 33 ミリ秒でのパルス的放射が電波からガンマ線にわたる広い波長域で観測されている．

1967 年 11 月 28 日，英国ケンブリッジ大学のアントニー・ヒューイッシュと，大学院学生ジョスリン・ベルは，大学構内に設置した電波望遠鏡の観測データの中に奇妙な電波パルス信号を発見した．その信号の周期は約 1.4 秒で，しかも 100 億分の 1 秒の精度で正確な周期性をもっていたため，当初は地球外高度文明からの信号ではないかと考えられ，LGM-1（Little Green Men-1）と名づけられたほどだ．しかし，その後，これは中性子星がその自転にともなって発する電波であることがわかり，パルサーと呼ばれる天体の発見第 1 号となった[*11]．

図 4.3 はもっとも有名なパルサーの 1 つ，かにパルサーの X 線画像である．かに星雲の中心部におけるパルサーの存在は，中性子星の形成が重い星の最終段階である超新星爆発によって引き起こされるものであることを強く示唆する．驚くべきことに，この中性子星形成シナリオも，1934 年ウォルター・バーデ（1893-1960）とフリッツ・ツビッキー（1898-1974）によ

*11　ちなみに，この発見によりヒューイッシュは 1974 年のノーベル物理学賞を受賞したが，ベルは共同受賞を逃した．これは彼女が女子学生だったためではないかとの憶測がなされ，長い間大きな議論を巻き起こした．

って理論的に予言されていた．現在では，孤立した中性子星の表面からの熱輻射も直接観測されており，中性子星の表面温度，さらには半径までもが理論を介することなく，直接推定できるようになっている．いずれにしても微視的世界の物理法則だけから理論的に予想されるとてつもなく高密度の天体が，この宇宙に確かに実在しているのだ．

4.7 銀河

極言すれば，天体の形成の本質はある空間領域が重力的に収縮することに他ならない．この重力収縮が十分進み強く束縛された平衡状態が実現するためには，その系がもっているエネルギー（および角運動量）を外部へ捨て去る必要がある．このエネルギー散逸は主に輻射，原子，電子の間の相互作用を通じて起こる．以下，簡単化のために，質量 M，半径 R，温度 T の一様ガス雲を考える．

ガスの個数密度 n_{g} は組成にもよるが，仮に水素原子が主成分だとすれば陽子質量 m_{p} を用いて $3M/(4\pi m_{\mathrm{p}}R^3)$ と近似できる．個数密度 n_{g}，温度 T の一様ガス雲が単位時間・単位体積あたりに散逸するエネルギーを $n_{\mathrm{g}}^2\Lambda(T)$ とおいて，冷却率 $\Lambda(T)$ を定義しよう．密度の 2 乗に比例するのは，一般にエネルギー散逸は原子と電子間の 2 体反応を通じた電磁波の放射にもとづくためである．図 4.4 に示すように，この冷却率はガス雲の組成に依存し，低温では自由電子が原子に束縛される際に出す輻射，高温では電子が陽子のクーロン力を受けて軌道が変化する際に放出する熱制動輻射が支配する．(2.18) 式を原子番号 Z の原子に拡張すれば，前者の典型的なエネルギースケールが

$$\Delta E = \alpha_{\mathrm{E}}^2 Z^2 m_{\mathrm{e}} c^2 \approx 27 Z^2 \mathrm{eV} \tag{4.51}$$

であることがわかる．

熱制動輻射に対する冷却率 $\Lambda(T)$ は基本物理定数を用いて

$$\Lambda(T) = \frac{16\sqrt{2\pi}}{3\sqrt{3}} \sqrt{\frac{k_{\mathrm{B}}T}{m_{\mathrm{e}}c^2}}\, \alpha_{\mathrm{E}}^3 \lambda_{\mathrm{e}}^2 m_{\mathrm{e}} c^3 \tag{4.52}$$

と書き下せることがわかっているので，ガス雲がエネルギーを失う典型的な

「冷却」時間スケールは

$$t_{\rm cool} \equiv \frac{3n_{\rm g}k_{\rm B}T}{n_{\rm g}^2\Lambda(T)} \tag{4.53}$$

で与えられる．

(3.21) 式の $t_{\rm G}$ よりも $t_{\rm cool}$ が小さければ，そのガス雲のエネルギーは重力的進化の時間スケール以内に効率的に散逸する．この条件は

$$t_{\rm cool} < t_{\rm G} \quad \to \quad \frac{3n_{\rm g}k_{\rm B}T}{n_{\rm g}^2\Lambda(T)} < \frac{1}{\sqrt{G\rho}} \tag{4.54}$$

となる．さらにこのガス雲の温度を (3.12) 式で定義されたビリアル温度：

$$T = \frac{GMm_{\rm p}}{k_{\rm B}R} \tag{4.55}$$

だと仮定して (4.52) 式と (4.54) 式に代入すれば，M とは無関係に R の上限が得られる．そこで現れる数係数はすべて無視して 1 とおくと，

$$R < R_{\rm crit} \equiv \frac{\alpha_{\rm E}^4}{\alpha_{\rm G}}\left(\frac{m_{\rm p}}{m_{\rm e}}\right)^{1/2} r_{\rm B} \approx 36\,{\rm kpc} \tag{4.56}$$

が得られる．

(4.56) 式は，温度が (4.51) 式のエネルギーより高く，熱制動輻射がエネルギー散逸を支配している場合を仮定している．簡単のために，重元素を無視して $Z = 1$ とすれば

$$k_{\rm B}T\frac{GMm_{\rm p}}{R} > \alpha_{\rm E}^2 m_{\rm e}c^2 \approx 3 \times 10^5{\rm K} \tag{4.57}$$

という条件が必要だ．そこで (4.56) 式の $R = R_{\rm crit}$ に対して (4.57) 式が成り立つことを要請すれば，

$$M > M_{\rm crit} \equiv \frac{\alpha_{\rm E}^5}{\alpha_{\rm G}^2}\left(\frac{m_{\rm p}}{m_{\rm e}}\right)^{1/2} m_{\rm p} \approx 2 \times 10^{10} M_{\odot} \tag{4.58}$$

という質量の下限値が得られる．

とはいえ，この質量以下のガス雲が必ずしも収縮できないわけではない．図 4.4 の低温側に対応する熱制動輻射以外のエネルギー散逸が重要となる場合があるからだ．また大質量の天体の場合，その質量の大半はガスではなくダークマターである．

このように，より正確な計算には数値シミュレーションが必要となる．に

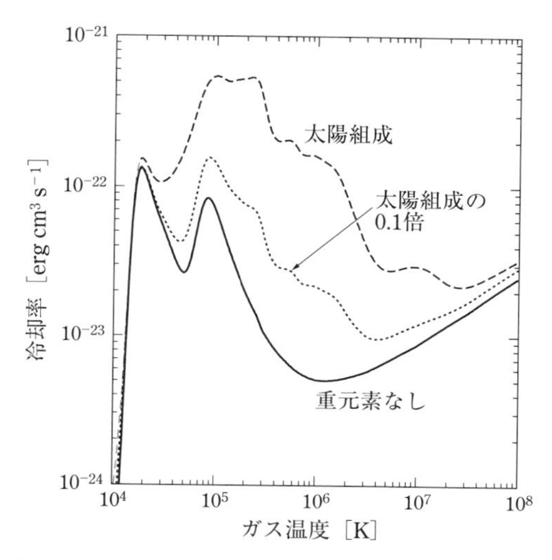

図 **4.4** 温度 T の一様ガス雲に対する冷却率．重元素存在量が太陽組成の場合（破線），太陽組成の 0.1 倍の場合（点線），そして重元素がない場合（実線）の 3 つの例を示す．

もかかわらず，本節で展開した定性的な議論だけからでもエネルギー散逸可能な天体の特徴的サイズ $R_{\rm crit}$ と質量 $M_{\rm crit}$ を基本物理定数だけで書き下すことができ，しかもそれらが現実の銀河の値に近いことは興味深い（表 3.4 参照）．

4.8 銀河団

銀河サイズ以上の大きさの天体はかなり低密度になるので，エネルギー散逸の効果は無視できる．したがって，天体自身の重力が宇宙膨張に打ち勝ち重力束縛系を形成できる条件が，宇宙における構造の典型的なスケールを与えることになる．しかしこの条件は現在の宇宙がもつ空間的非一様性（密度ゆらぎ）の度合いによって決まるものであり，（重力以外の）物理法則は直接顔を出さない．この密度ゆらぎの性質はさかのぼれば宇宙の初期条件から決まるものであるから，4.1 節で述べたように物理法則と初期条件の影響の強さが逆転する例となっている．

観測された現在の宇宙の銀河分布から，$5h^{-1}$Mpc 程度以下のスケールで

は銀河分布のゆらぎがその平均個数密度よりも卓越することがわかっている．それを半径とする球内の質量を計算すれば

$$M \approx \frac{4\pi}{3}(5h^{-1}\mathrm{Mpc})^3\rho_0 \approx 10^{15}h^{-1}M_\odot \tag{4.59}$$

となり，実際に典型的な銀河団の質量と一致する（表 3.4）．また，くわしい計算によると宇宙膨張を振り切った自己重力系の質量密度は平均密度である ρ_0 の約 200 倍の値に落ち着くことが知られている．その結果，本来 $5h^{-1}$Mpc の半径であった球は $\sqrt[3]{200}$ 倍だけ収縮し，$5h^{-1}\mathrm{Mpc}/\sqrt[3]{200} \approx 1h^{-1}$Mpc 程度になる．これもまた銀河団の典型的な半径と一致する．

このように銀河以下の階層の場合とは異なり，銀河団の典型的なスケールを基本物理定数を用いて書き下すことはできない．銀河団，言い換えれば，その時点の宇宙で最大の自己重力系のスケールは，密度ゆらぎの成長にともない，過去から現在，さらに未来に向けて，時間的に増大する．これに対して，銀河以下の構造の特徴的スケールは基本物理定数に帰着するため，それらは時間変化せずほぼ一定だと考えられる．

4.9 宇宙の階層と基本物理定数

本章の議論にもとづいて導かれた基本物理定数と巨視的天体の特徴的スケ

表 4.1 宇宙の天体諸階層に対応する物理条件と特徴的スケール．

天体	条件	導かれるスケール
惑星	自己重力が構成物質の構造を変化させない	$M = m_\mathrm{p}(\alpha_\mathrm{E}/\alpha_\mathrm{G})^{3/2}$ $R = (\alpha_\mathrm{E}/\alpha_\mathrm{G})^{1/2}r_\mathrm{B}$
恒星	中心温度が核融合が起きるほどの高温になる	$M = (m_\mathrm{p}/m_\mathrm{e})^{3/4}(\alpha_\mathrm{E}/\alpha_\mathrm{G})^{3/2}m_\mathrm{p}$ $R = (m_\mathrm{e}/m_\mathrm{p})^{1/4}(\alpha_\mathrm{E}/\alpha_\mathrm{G})^{1/2}r_\mathrm{B}$
白色矮星	電子の縮退圧で重力を支える	$M = (1/\alpha_\mathrm{G})^{3/2}m_\mathrm{p}$ $R = (\alpha_\mathrm{E}/\alpha_\mathrm{G}^{1/2})r_\mathrm{B}$
中性子星	中性子の縮退圧で重力を支える	$M = (1/\alpha_\mathrm{G})^{3/2}m_\mathrm{p}$ $R = (\alpha_\mathrm{E}/\alpha_\mathrm{G}^{1/2})(m_\mathrm{e}/m_\mathrm{p})r_\mathrm{B}$
銀河	ガスの輻射冷却によってエネルギーを開放し収縮する	$M = (\alpha_\mathrm{E}^5/\alpha_\mathrm{G}^2)(m_\mathrm{p}/m_\mathrm{e})^{1/2}m_\mathrm{p}$ $R = (\alpha_\mathrm{E}^4/\alpha_\mathrm{G})(m_\mathrm{p}/m_\mathrm{e})^{1/2}r_\mathrm{B}$
銀河団	密度ゆらぎが成長し非線形になり自己重力系を形成する	$M \sim 10^{15}h^{-1}M_\odot$ $R \sim 1h^{-1}\mathrm{Mpc}$

ールの関係を表 4.1 にまとめておく.

これらの結果は銀河団の場合を除けば,あくまで「仮に存在するならば」このようなスケールのはず,という議論でしかない.実際,観測事実は何も用いていないことからわかるように,物理法則だけから理論的に予想される可能性を述べただけにすぎない.仮にわれわれが宇宙を観測する手段をもたなかったならば,これらの天体階層の実在を証明するのは困難であっただろう.一方,われわれはそれらに対応する天体構造を日常的に観測している.このように広い宇宙においては,物理法則と矛盾しない限り理論的に許される可能性はすべて実現しているようだ.この事実のほうこそ,むしろ驚くべきことなのかもしれない.

第5章　宇宙の組成と標準宇宙論モデル

宇宙を満たしている物質は何か？　これはきわめて根源的かつ本質的な難問である．これを解明しようとする哲学的・科学的営みを総称して宇宙論と定義してもよいぐらいのものだ．とくに1990年代以降の飛躍的な観測的宇宙論の進展によって明らかとなった宇宙の組成を，図5.1に示す．その結果は「宇宙の質量密度の大部分は，通常の物質ではなく未知のダークマターからなる」，さらに「宇宙のエネルギー密度の大部分は，アインシュタインの宇宙定数（ダークエネルギーの一種）からなる」という2つの驚くべき事実に要約される．いかにしてこのような信じがたい描像に到達したのか．その研究の歴史とともに，宇宙観の変遷をたどってみたい．

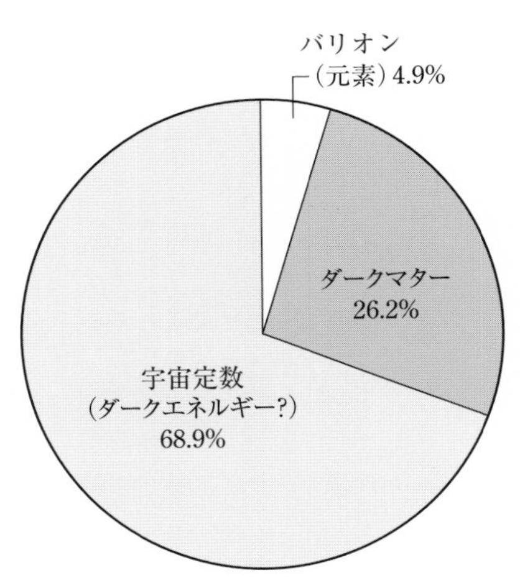

図 5.1　宇宙マイクロ波背景輻射観測探査機プランクのデータにもとづく現在の宇宙の組成．

5.1 古代の宇宙論

まず，文明の曙の時代に，古代の人びとが宇宙についてどのような思いをめぐらせていたかを，簡単に紹介しておこう*1.

古代エジプトの宇宙像を示す図 5.2 は，現在のカイロ近郊に存在した古代エジプトの都市，ヘリオポリス（ギリシャ語で「太陽の町」という意味）での宇宙創世記にもとづいている．ヘリオポリスで創造神の地位にあったアトゥムは息子シューと娘テフェネトを口から吐き出して創った．彼らの子供が大地神のゲブと天空の女神ヌトである．図 5.2 は，父親のシューが娘ヌトと息子ゲブを引き離すところである．シューは，ヌトをもち上げ天のアーチを創り，ゲブを下に横たわらせて大地を創っている．自分自身はその中間に留まり，天と地の間の空気となった．この創世記を示す図の多くで，ヌトは体を青く塗られ星をちりばめられ両手が地面にふれている姿で現れる一方，ゲ

図 5.2　古代エジプトの宇宙像（Vignette from the Book of the Dead of Nesitanebtashru）. Ⓒ the Trustees of the British Museum.

*1　以下の記述は，Blacker, C. and Loewe, M.（編）『古代の宇宙論』（矢島祐利・矢島文夫訳，海鳴社，1976）を参考にした.

ブは普通緑色に塗られ植物を表現している．シューの両側に立っているのは，生物の創造の神であるフヌムの像である．

古代インドの宇宙像を示す図 5.3 は叙事詩「マハーバーラタ」にちなんでいる．そこでは，巨大な亀が宇宙の底にうずくまり，その甲羅の上には，並び立つ 3 頭の象に支えられる半球状の大地がある．大地の中央には宇宙山メール（= 須弥山）がそびえている．さらに，その上空には太陽と月が巡っている．亀は，世界を平和に導くヒンドゥー教の神ヴィシュヌの化身で，生命の源である乳海に潜り宇宙山メールを他の神々・魔物とともに動かし海を攪拌させることで，不死の妙薬・世界救済の「甘露」（かんろ）をつくり出す．自らの尻尾を飲み込もうとしている一匹の巨大な蛇は宇宙すべてを取り囲んでおり，古代インド人の時間観を示すものと解釈できる．自らの尻尾を咥え込み円環となった蛇は「生々流転」とその永遠のくり返し，すなわち輪廻の考えを象徴しているが，これは図 4.1 のウロボロスと酷似しており興味深い．

図 5.3　古代インドの宇宙像の模型（大阪市立科学館所蔵：石坂千春氏撮影）．

これらの宇宙観は神話的・宗教的色彩が強い．それらよりは科学の香りがする古代ギリシャにあっても，1 章でふれたように，天の世界と地の世界は異なるものと考えられた．アリストテレスは，地上の物質は，火・水・土・空気の 4 元素の組み合わせによって生まれると考え，それぞれに熱・乾・

冷・湿の4性質を2つずつ付与した．一方，天体は第5元素であるエーテルによって創られ，地球が宇宙の中心にあると考えた．月から下では物体は直線運動か強制運動，月から上では天体は円運動をするものとし，あくまで天の世界と地の世界を区別した．

クラウディオス・プトレマイオス（85–165年とされる）の著書『アルマゲスト』が，古代ギリシャの天文学の集大成として，地球が宇宙の中心にあり太陽やその他の惑星が地球の周りを回るという天動説を確立して以来，コペルニクス，ティコ・ブラーエ（1546–1601），ガリレオ・ガリレイ，ヨハネス・ケプラー（1571–1630），そしてニュートンへと至る力学的世界観構築の過程は，上述の神話的・宗教的宇宙観を排し，天の世界と地の世界を統一する歩みでもあった．地上で木から直線的な落下運動をする林檎と，天上で円運動して落ちてこない月が，ニュートンの発見した万有引力の法則という同一の原理に支配されていることが明らかにされた段階で，天の世界と地の世界とは統一されたのである．もはや，天の世界と地の世界の物質組成が違うなどという考えは完全に前近代的な妄想として排除すべき（はず）であった．

5.2　元素の起源

現在の宇宙に存在する元素はある普遍的な存在比を示す（図2.3）．これらの元素の起源を自然に説明する理論として宇宙初期での原子核合成反応を提唱したのはジョージ・ガモフ（1904–1968）である．この理論が成功するためには宇宙初期は高温高密度で熱い輻射に満ちたいわば「火の玉」のような状態でなくてはならない．これが今日ビッグバン理論と呼ばれる宇宙の標準模型である．この火の玉状態の名残である熱的背景輻射は，1965年，米国ベル研究所のアーノ・ペンジアスとロバート・ウィルソンによって電波領域で発見され，「現在の宇宙の温度」が約3Kであることが明らかとなった．その背景輻射の強度が大きい波長帯はマイクロ波と呼ばれる電波領域であるため，CMB（Cosmic Microwave Background：宇宙マイクロ波背景輻射）と呼ばれる．

驚くべきことにガモフ（とその共同研究者ら）は，すでにこの発見の約

20 年前に，ビッグバンの名残である輻射の温度が 5 K からせいぜい 50 K 程度であろうと予言していた．宇宙という巨視的世界と物質の微視的世界を結びつける考え方の本質を，ガモフはすでに 1940 年代に明確に認識していたのだ．以下，ビッグバン理論が生まれる基礎となった宇宙初期の元素合成過程を紹介しよう．

5.2.1 XYZ から $\alpha\beta\gamma$ へ

天文学では元素を，水素，ヘリウム，それ以外の重元素の 3 つに分類し，それらの質量存在量をそれぞれ X, Y, Z で表す[*2]．

$$\mathrm{X} \equiv \frac{m_{\mathrm{H}} n_{\mathrm{H}}}{\sum_i m_{\mathrm{A}_i} n_{\mathrm{A}_i}}, \quad \mathrm{Y} \equiv \frac{m_{\mathrm{He}} n_{\mathrm{He}}}{\sum_i m_{\mathrm{A}_i} n_{\mathrm{A}_i}}, \quad \mathrm{Z} \equiv 1 - \mathrm{X} - \mathrm{Y}. \qquad (5.1)$$

ここで m_{A_i} と n_{A_i} は，元素 A_i の質量と個数密度をさし，太陽近傍の場合，$\mathrm{X} \sim 0.70$, $\mathrm{Y} \sim 0.28$, $\mathrm{Z} \sim 0.02$ である（図 2.3 および表 2.3）．

ガモフは，初期宇宙を満たす始原的物質をイレム（Ylem）と名付け[*3]，それは事実上中性子だけからなるという人為的な仮定をおいた（図 5.4）．

彼の提唱した元素合成モデルは，この中性子が陽子と反応していったん重水素になり，これを材料としてヘリウム（^{4}He），さらには，あらゆる元素の存在比を宇宙初期の原子核合成反応で一挙に説明しようとするものであった．この理論は，ラルフ・アルファー（1921-2007），ハンス・ベーテ（1906-2005），ガモフの 3 人の連名で発表され，その頭文字から $\alpha\beta\gamma$ 理論と呼ばれている[*4]．

しかしこれは，彼の大学院生であったアルファーと自分の連名論文が語呂のいい $\alpha\beta\gamma$ という並びになるように，その研究には参加していないベーテ

---

*2 実質的には，ヘリウムより重いリチウム，ベリリウム，ホウ素はほとんど存在しないため，その次の炭素以上の元素が重元素であり，さらにはやや違和感があるものの金属とも呼ばれる．

*3 Ylem とは，本来あらゆる物質のもととなる原始物質という意味をもつ単語で，ガモフが好んで使用した．

*4 歴史的には，放射線を α 線，β 線，γ 線のように分類した時期があった．その後，これらの正体はそれぞれヘリウムの原子核，電子，高エネルギー光子であることがわかったのだが，現在でもその名称は使われている．

図 **5.4** イレムから誕生するガモフ．Reines, F.(ed.), *Cosmology, Fusion & Other Matters: George Gamow Memorial Volume*（Colorado Associated University Press, 1972）より．

を勝手に 2 番めの共著者として「はさんで」おいたのだった[*5]．

意図的なのか単なる偶然かは不明だが，この論文は 1948 年の米国物理学会誌 *Physical Review* 4 月 1 日号に掲載されている（図 5.5）．この $\alpha\beta\gamma$ 理論を発展させた論文は，1950 年にアルファーとガモフのもう一人の学生であったロバート・ハーマン（1914–1997）によって発表された．その際に，ガモフはハーマンの語呂が悪いことを悲しみ，「$\alpha\beta\gamma\delta$ 理論」となるよう，彼にデルタと改名することをしきりにすすめたとされている．

5.2.2 ガモフの「宇宙最初の 3 分間クッキング」♪♪

水素とヘリウムを材料としてより重い元素を合成するためには，水素とヘリウムからできる質量数 5，あるいはヘリウムとヘリウムからできる質量数 8 の安定原子核が必要だ．しかし，自然界には質量数 5 および 8 をもつ安定

*5 ベーテは，原子核物理学，天体物理学など広範な分野にわたり多くの優れた業績をあげた．1967 年に「原子核反応理論への貢献，とくに星の内部におけるエネルギー生成に関する発見」によってノーベル物理学賞を受けている．このようなガモフの茶目っ気を受け入れた彼もまたユーモアを理解する人物であったということが想像される．現在こんなことをすれば研究不正として厳しく糾弾されるはずだが，このジョークに目くじらをたてることのない寛容な時代もあったのだ．

PHYSICAL REVIEW VOLUME 73, NUMBER 7 APRIL 1, 1948

Letters to the Editor

PUBLICATION of brief reports of important discoveries in physics may be secured by addressing them to this department. The closing date for this department is five weeks prior to the date of issue. No proof will be sent to the authors. The Board of Editors does not hold itself responsible for the opinions expressed by the correspondents. Communications should not exceed 600 words in length.

The Origin of Chemical Elements

R. A. ALPHER*
Applied Physics Laboratory, The Johns Hopkins University, Silver Spring, Maryland
AND
H. BETHE
Cornell University, Ithaca, New York
AND
G. GAMOW
The George Washington University, Washington, D. C.
February 18, 1948

AS pointed out by one of us,[1] various nuclear species must have originated not as the result of an equilibrium corresponding to a certain temperature and density, but rather as a consequence of a continuous building-up process arrested by a rapid expansion and cooling of the primordial matter. According to this picture, we must imagine the early stage of matter as a highly compressed neutron gas (overheated neutral nuclear fluid) which started decaying into protons and electrons when the gas pressure fell down as the result of universal expansion. The radiative capture of the still remaining neutrons by the newly formed protons must have led first to the formation of deuterium nuclei, and the subsequent neutron captures resulted in the building up of heavier and heavier nuclei. It must be remembered that, due to the comparatively short time allowed for this process,[1] the building up of heavier nuclei must have proceeded just above the upper fringe of the stable elements (short-lived Fermi elements), and the present frequency distribution of various atomic species was attained only somewhat later as the result of adjustment of their electric charges by β-decay.

Thus the observed slope of the abundance curve must not be related to the temperature of the original neutron gas, but rather to the time period permitted by the expansion process. Also, the individual abundances of various nuclear species must depend not so much on their intrinsic stabilities (mass defects) as on the values of their neutron capture cross sections. The equations governing such a building-up process apparently can be written in the form:

$$\frac{dn_i}{dt}=f(t)(\sigma_{i-1}n_{i-1}-\sigma_i n_i) \quad i=1,2,\cdots 238, \qquad (1)$$

where n_i and σ_i are the relative numbers and capture cross sections for the nuclei of atomic weight i, and where $f(t)$ is a factor characterizing the decrease of the density with time.

We may remark at first that the building-up process was apparently completed when the temperature of the neutron gas was still rather high, since otherwise the observed abundances would have been strongly affected by the resonances in the region of the slow neutrons. According to Hughes,[2] the neutron capture cross sections of various elements (for neutron energies of about 1 Mev) increase exponentially with atomic number halfway up the periodic system, remaining approximately constant for heavier elements.

Using these cross sections, one finds by integrating Eqs. (1) as shown in Fig. 1 that the relative abundances of various nuclear species decrease rapidly for the lighter elements and remain approximately constant for the elements heavier than silver. In order to fit the calculated curve with the observed abundances[3] it is necessary to assume the integral of $\rho_n dt$ during the building-up period is equal to 5×10^4 g sec./cm^3.

On the other hand, according to the relativistic theory of the expanding universe[4] the density dependence on time is given by $\rho\cong10^6/t^2$. Since the integral of this expression diverges at $t=0$, it is necessary to assume that the building-up process began at a certain time t_0, satisfying the relation:

$$\int_{t_0}^{\infty}(10^6/t^2)dt\cong5\times10^4, \qquad (2)$$

which gives us $t_0\cong20$ sec. and $\rho_0\cong2.5\times10^5$ g sec./cm^3. This result may have two meanings: (a) for the higher densities existing prior to that time the temperature of the neutron gas was so high that no aggregation was taking place, (b) the density of the universe never exceeded the value 2.5×10^5 g sec./cm^3 which can possibly be understood if we

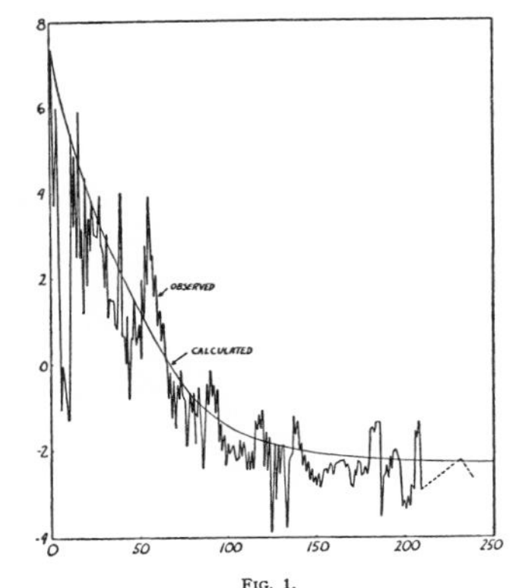

FIG. 1.
Log of relative abundance
Atomic weight

803

図 **5.5** 米国物理学会誌の 1948 年 4 月 1 日号に掲載された $\alpha\beta\gamma$ 理論の論文 "The Origin of Chemical Elements (化学元素の起源)" の最初のページ. Alpher, R. A., Bethe, H. and Gamow, G., *Phys. Rev.*, **73** (1948) 803 より.

元素が存在しない*6．そのため，すべての元素を宇宙初期の核合成反応で説明しようとしたガモフの仮説はうまくいかない．実際に宇宙初期に生成される元素は，せいぜいリチウム（^{7}Li）までで，それ以上の重元素は宇宙初期ではなく，ずっと後に誕生する星の内部で合成される．そして，星の進化の最終段階である超新星爆発を経て，宇宙全体にばらまかれるのである．

現代社会において，3分間でできるインスタント食品の類は不可欠となっているが，宇宙の軽元素が誕生後わずか3分間で合成されたというのも驚嘆に値する*7．そのレシピを次頁に要約しておこう．

このレシピからわかるように，おおまかには重水素合成開始直前に存在した中性子がほとんどヘリウムになると考えてよい．このヘリウム合成は宇宙誕生後，約1分後に開始され3分後にはほぼ終了する．さらに今までの議論では無視してきた中性子の β 崩壊の効果を考慮すれば，ヘリウムの最終的な質量存在比 Y は約0.24となる．これに対して観測的には，（宇宙の後期に星の内部で生成された割合を引き去る必要があるためやや不定性が残るが）0.23 $\sim$ 0.25が標準的な推定値であるとされており，理論と観測の一致はすばらしい．このように，宇宙誕生後わずか3分間で合成される軽元素の存在量は，ビッグバン理論を支える重要な観測的証拠の1つとなっている．そしてこの事実もまた，巨視的な宇宙を舞台とする微視的な物理法則が，その後の宇宙の進化を支配している具体的な例だと考えられる．

5.2.3 ガモフの理論と林忠四郎

一般相対論の解という意味での宇宙の「力学」あるいは「容器としての宇宙の進化」からさらに一歩踏み込んで「膨張宇宙における物質の進化」という観点から宇宙のさまざまな元素の存在比を説明しようと試みたのがガモフ

---

*6 図2.2の周期表を参照のこと．あるいは，高校の化学で習った，水兵リーベ僕の船（H He Li Be B C N O F Ne）という語呂合わせを思い出してほしい．水素（陽子1個，質量数1），ヘリウム（陽子2個+中性子2個，質量数4），リチウム（陽子3個+中性子4個，質量数7），ベリリウム（陽子4個+中性子5個，質量数9），硼素（陽子5個+中性子6個，質量数11），炭素（陽子6個+中性子6個，質量数12），…というように，質量数5と8をもつ安定元素が欠けている．

*7 この「3分間」が，スティーブン・ワインバーグによる優れた宇宙論の解説書のタイトル *The First Three Minutes*（邦訳：『宇宙創成はじめの三分間』，小尾信彌訳，ちくま学芸文庫，2008）に対応する．

ヘリウムの水素スープ煮リチウム風味

(i) 準備していただくもの：中性子（n）と陽子（p）少々（核子の個数密度にして n_N 個/cm^3），たっぷりめの光子（γ; n_γ 個/cm^3）.

(ii) あらかじめ高温の光子がたっぷり入った宇宙（$T \gg T_* \sim 1\,\mathrm{MeV}$）に，中性子と陽子を入れます．電子やニュートリノとの反応: $\mathrm{p} + \mathrm{e}^- \leftrightarrow \mathrm{n} + \nu_\mathrm{e}$, $\mathrm{n} + \mathrm{e}^+ \leftrightarrow \mathrm{p} + \bar{\nu}_\mathrm{e}$, $\mathrm{n} \leftrightarrow \mathrm{p} + \mathrm{e}^- + \bar{\nu}_\mathrm{e}$, を通じて，中性子と陽子は平衡状態を保つので，材料の比は気にすることはありません.

(iii) 宇宙の温度が $T \sim T_*$ 以下になると，弱い相互作用がきれ，以降，中性子と陽子の個数密度は，それらの質量差 $m_\mathrm{n} - m_\mathrm{p} = 1.3\,\mathrm{MeV}$ に応じた比，

$$n_\mathrm{n}/n_\mathrm{p} \sim \exp\left(-\frac{1.3\,\mathrm{MeV}}{T_*}\right) \tag{5.2}$$

に凍結してしまいます．ここで温度 T_* は，弱い相互作用の強さと宇宙膨張の速さとの関係で決まり，標準的には約 1 MeV ですので，元素合成が始まる直前まで，$n_\mathrm{n}/n_\mathrm{p} \sim 0.2$ となっているはずです.

(iv) 核子が複数個同時にぶつかって，一挙に質量数の大きい元素を形成することは難しいので，あらかじめ下ごしらえが必要です．軽元素の合成においてもっとも重要な素過程は，重水素（D）の生成反応: $\mathrm{p} + \mathrm{n} \to \mathrm{D} + \gamma$ です．ところが，D は結合エネルギーがわずか 2.2 MeV のこわれやすい原子核なので，宇宙の温度が十分下がるまで待つことが大切です．1 個の核子に対して，2.2 MeV 以上のエネルギーをもつ光子の数の期待値が 1 個以下になる温度をごく大雑把に見積もると，

$$\frac{n_\gamma(h\nu > 2.2\,\mathrm{MeV})}{n_N} \sim \frac{n_\gamma}{n_N}\exp\left(-\frac{2.2\,\mathrm{MeV}}{T}\right) < 1 \tag{5.3}$$

ですから，下ごしらえを開始する温度としては，

$$T < T_{D\gamma} = \frac{2.2}{|\ln \eta|}\,\mathrm{MeV} \tag{5.4}$$

が適当でしょう．ここで，核子と光子の個数密度の比 $\eta = n_N/n_\gamma$ は膨張宇宙では保存され，10^{-9} 程度の値ですから，$T_{D\gamma} \sim 0.1\,\mathrm{MeV}$ が目安です（これは宇宙開闢以後約 3 分に対応します）.

(v) 3 分間漬け込んでおいた中性子がすべて重水素になった後でも，あわてず蒸らしながらほんの少し待つことがポイントです．2 体反応の積み重ねで，ヘリウム（^{4}He）が生まれます．ところが，質量数 5 および 8 をもつ安定元素が存在しないため，^{4}He 以上の重元素を 2 体反応のくり返しによってつくることはできません．それでも，わずかながら生成される ^{7}Li が，水素（陽子）にひたされたヘリウムの味をひきしめる絶妙な役割を果たしてくれます．さあ，ビッグバン後わずか 3 分間で，「ヘリウムの水素スープ煮リチウム風味」の出来上がりです．さめないうちにお召し上がりください.

である．その考察の結果，宇宙初期は熱い火の玉状態であったとするホットビッグバンの描像に到達した．つまり，ガモフはビッグバン理論の生みの親というわけだ．

しかし，彼の理論は中性子のみからなるイレムという人為的な仮定を必要とした．これに対して林忠四郎（1920–2010）は，弱い相互作用の理論を宇宙初期に適用すればこの原始物質の組成は物理法則によって決まってしまうことを看破した．その結果，元素合成が開始される時期の宇宙の「始原的物質」は，個数密度にして 6：1 の比をもつ陽子と中性子からなることを発見した（1950 年）*8．この発見はビッグバン元素合成のより正確な描像の確立に本質的な貢献をした．さらに重要なのは物理学を用いることで宇宙の初期条件を予言しかつそれを観測的にチェックできるという，現在の宇宙論の方法論を確立した先駆性にある．当時エンリコ・フェルミ（1901–1954）はこの林の仕事を絶賛したと伝えられており，シカゴ近辺のガモフに関係した人びと以外でビッグバン理論の構築そのものに貢献した唯一の例だと言われている．

この林の研究を経て，ヘリウムまでの軽元素は主として宇宙初期で，それを越えた重元素は星の内部で，という元素の起源に関する標準モデルが確立した．小さな原子核が合体してより大きな原子核が形成されるためには，陽子同士のクーロン斥力が障壁となる．この障壁を克服するためには，物質が高温・高密度の状態になくてはならない*9．このために，元素合成の舞台は初期宇宙あるいは 恒星中心部という高温高密度の状況に限られてしまうのである（表 5.1）．

6.7 節でくわしく述べるように，ヘリウムより重い元素の合成は，トリプルアルファ反応と呼ばれる炭素合成反応から始まる．しかしその反応率は低いため合成には時間がかかる．初期宇宙の温度は時間とともに急速に低下するため，炭素を合成することはできない．したがって，星の中心部で 1 千万年以上の時間をかけて初めて，重元素合成が可能となる．

しかし，当初ガモフが提唱したビッグバンモデルは必ずしも受け入れられ

---

*8 Hayashi, C., *Prog. Theor. Phys.*, **5**（1950）224.

*9 この原子核同士の反応確率を量子物理学を用いて正しく計算したのは，ガモフが最初である．

表 5.1 2つの元素合成理論の比較.

	ビッグバン元素合成	星元素合成
舞台	初期宇宙	恒星中心部
時間	~ 10 分	$(0.1 \sim 10)$ 億年
温度	10 億度	$(0.1 - 1)$ 億度
	(時間とともに急速に低下)	(時間とともに徐々に上昇)
密度	$10^{-5}\ \mathrm{g/cm^3}$	$100\ \mathrm{g/cm^3}$
生成物	軽元素	重元素
	(ヘリウム, 重水素, リチウム)	(ヘリウム, 炭素, 窒素, 酸素, 等)

たわけではなかった. より有力と目されていたのは, 宇宙は膨張するものの進化せず時間的にはいつ見ても同じであるという「定常宇宙論」であった. 宇宙が膨張するとそのなかの物質密度は低くなる. 定常宇宙論ではそれを相殺するためにつねに物質が生み出されていると仮定せざるを得ない. このように(今から考えれば)きわめて不自然なモデルでありながら, 定常宇宙論はビッグバンモデルより多くの支持を集めていた. その定常宇宙論の推進者がフレッド・ホイル(1915–2001)である.

星の内部での元素合成理論の確立において, 定常宇宙論者であったホイルは本質的な貢献を行った. ガモフは独創的なアイディアを思いつく点では天才的であったが*10, 定量的な詰めはあまり得意ではなかったらしい. というより, それにはあまり興味がなかったようである. 一方, ホイルは単なるアイディアにとどまらず定量的な結果まで導き出すことを重視する正統派の天体物理学者であった. 皮肉にも, ビッグバンという名前は, ホイルがガモフの理論を「宇宙が派手に爆発するとかいうトンデモ説」との揶揄をこめて呼びはじめたものとされている. つまり, ビッグバン理論の生みの親はガモフであるが, その名付け親は, 彼の宿敵ホイルだったのだ.

1958 年に世界中の物理学の権威を集めて開催された「宇宙の構造と進化」に関するソルベイ会議にガモフが招待されなかったのは, 定常宇宙論を認めず強く反対していたからだとされている. 一方, 1983 年に宇宙の元素合成で重要となる原子核反応の研究に対して, ウイリアム・ファウラー(1911–1995)がノーベル物理学賞を受賞した際に, その研究に重要な貢献

*10 あまり知られていないが, ガモフは遺伝子が 3 つの塩基を 1 組として生体タンパク質をつくるアミノ酸に対応するというトリプレットコードの解明にも大きな貢献をしている.

をしたホイルが共同受賞しなかったのは，ビッグバンモデルに強く反対し定常宇宙論を信じ続けていたためだとの説もある．

5.2.4 ジョージ・ガモフ

ガモフはユニークな人物であり，数多くの逸話を残している．彼の自伝と追悼論文集からいくつか紹介してみたい*11．

ガモフは，1904年3月4日，ロシアのオデッサに生まれた．1922年に地元の大学に入学したが，本格的な物理の勉強を志し，1年後レニングラード大学へ入学する．一般相対論に強い興味を抱いた彼は，レニングラード大学数学科教授アレクサンドル・フリードマン（1888–1925）による「相対性理論の数学的基礎」という講義を聴講し，膨張宇宙論に感化されることになる．残念なことに，その後のフリードマンの急逝により，相対論的宇宙論の研究を目指したガモフの当初の希望はかなわなかった．そのかわり，1924年にレニングラード大学に入学したランダウとともに，当時まさに誕生の瞬間にあった量子力学の勉強に明けくれることになる．

コペンハーゲン（1928–1929），ケンブリッジ（1929–1930），コペンハーゲン（1930–1931）での留学を終え，再びレニングラードへ帰って以降，出国を禁止される．当時のロシアの状況に失望した彼は，何度か西側へもどることを計画する．一度は，妻と二人で手漕ぎボートを用いて黒海を渡り西側へ亡命しようとまで試みたが，結局失敗に終わる．ボーアの助力のもと，1933年に第8回ソルベイ会議に出席するという大義名分を得て，ロシアを離れることができた．その後，米国に移住し，1934年より米国のジョージワシントン大学の教授，1956年から1968年8月20日に亡くなるまでの間は，コロラド大学の教授を務めた．

ガモフの研究スタイルの特徴は，先駆的かつ「定性的」ということであろう．誕生直後の量子力学を用いて，原子・分子の構造を理解しようと人びとが争っていた時期にあって，彼はそれを原子核にまで適用しようという野心

*11 Gamow, G., *My World Line - an informal autobiography* (The Viking Press, 1970)，および Reines, F. (ed.), *Cosmology, Fusion & Other Matters: George Gamow Memorial Volume* (Colorado Associated University Press, 1972)．邦訳：『ジョージ・ガモフ——その業績と思い出』(山口嘉夫・中澤宣也・佐々木建昭訳，共立出版，1976)．

的な考えを抱いた．その研究成果は，宇宙の元素合成の基礎過程において重要な役割を果たしている．ガモフの自伝にある次の言葉は，そのような彼の価値観を端的に表現している．

> しかし，なぜか私はこのような熱狂的な研究の方向性には巻き込まれないでいた．その理由は1つには，すでに十分多くの人びとがその研究を始めていたからである．私はいつもあまり人びとが群がっているような分野で仕事をするのは好まなかった．もう1つは，新しいモデルは誕生したときにはいつもすっきりと単純な記述で本質を説明できるのだが，2，3年間皆がよってたかってくわしく検討してみると，細かな継ぎはぎだらけの極度に複雑な数学的モデルに変貌せざるを得なくなるのが常であるからだ．

この考え方が，原子核物理学，宇宙論，分子生物学，と，つねにその時代における最先端の学問を追究した彼の研究姿勢をつらぬいている．

ガモフが初めてビッグバン理論を提唱した論文 “Expanding Universe and the Origin of Elements”[*12]には，宇宙の質量密度やハッブル定数に関する当時の見積りから宇宙の曲率を $-1/(0.2\text{ 光年})^2$ と推定している箇所があるが，正しくは $-1/(20\text{ 億光年})^2$ であるべきだ．当時観測的に知られていたハッブル定数の逆数（すなわち宇宙年齢）が約20億年であったことを言い換えただけなので，気がつかないはずがないように思える．実際，その後訂正を公表している（図5.6）．その最後に，「正しくは20億光年であるべきところを0.2光年としてしまったが，この論文の結論には何も影響しない」との一文がある．しかし，数値が10桁も違っていながら結論が変わらないというのも理解に苦しむ．というわけで，これもまた彼一流のジョークで，意図的に間違ったのではないかと解釈する人もいる．

上述の例が示す通り，彼はユーモアを愛する茶目っ気な人物で，その種のエピソードには事欠かない．その人間性と天賦の文才のおかげで，20冊あまりの著書は世界中の読者を魅了し，ベストセラーとして読みつがれている．また，彼の自伝には彼自身のみならず，彼と交流のあった一流の物理学者に関するエピソードもちりばめられている．たとえば，1904年2月6日

---

*12 Gamow, G., *Phys. Rev.*, **70** (1946) 572.

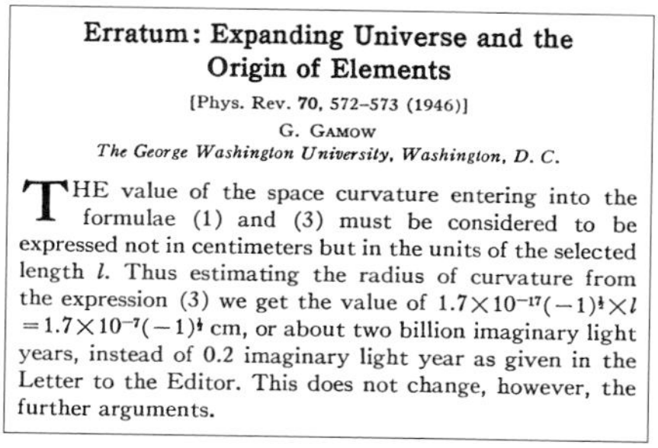

Erratum: Expanding Universe and the Origin of Elements

[Phys. Rev. **70**, 572–573 (1946)]

G. Gamow

The George Washington University, Washington, D. C.

THE value of the space curvature entering into the formulae (1) and (3) must be considered to be expressed not in centimeters but in the units of the selected length l. Thus estimating the radius of curvature from the expression (3) we get the value of $1.7\times10^{-17}(-1)^{\frac{1}{2}}\times l=1.7\times10^{-7}(-1)^{\frac{1}{2}}$ cm, or about two billion imaginary light years, instead of 0.2 imaginary light year as given in the Letter to the Editor. This does not change, however, the further arguments.

図 **5.6**　米国物理学会誌に掲載されたガモフの論文の訂正文．Gamow, G., *Phys. Rev.*, **71** (1947) 273 より．

に始まった日露戦争の際にロシアは全教会をあげて日本に天罰を下すように神に祈りを捧げた．結局戦争には敗れてしまうが，実際にその「効果」は，1923 年 9 月 1 日の関東大震災として現れたとする，われわれ日本人にはやや不謹慎に思えるジョークまで登場する．しかもこの話は「この観測事実から，カピッツァ[*13]は『神はわれわれから 9 光年以内に存在する』という物理学的結論を得た」というオチで終わる．ぜひとも御一読をおすすめしたい．

5.3　ダークマター

宇宙のダークマターの存在を初めて指摘したのが誰であるのかは明らかでない．しかし，1933 年に発表されたフリッツ・ツヴィッキー（1898–1974）の論文[*14]はしばしばその最初のものとして引用される．彼は，かみのけ座銀河団に属する銀河の 2 乗平均速度を測定した自らのデータより，光って見える銀河の数から予想される質量だけではそのように大きな運動エネルギーをもつ銀河を重力的に束縛することが不可能であることに気づいていた．

これとは独立に，1960 年代後半から 1970 年代前半にかけて行われた数

*13　ピョートル・カピッツァ（1894–1984）．ロシアの実験物理学者で，1921 年ケンブリッジ大学に留学しラザフォードの指導を受ける．1937 年，液体ヘリウムの超流動現象を発見，1978 年ノーベル物理学賞を受けた．

*14　Zwicky, F., *Helv. Phys. Acta.*, **6** (1933) 110.

値計算の結果，銀河の円盤は回転に対して不安定で棒状の形になってしまうことが示された．この結果は，安定した渦巻状のパターンをもつように見える数多くの銀河の存在とは明らかに矛盾する．この困難を避けるためには，円盤の周りを包み込むような見えない大量の質量分布を仮定し，円盤自体の自己重力が効かないようにすればよい．このように渦巻銀河を安定化するための理論仮説としても，ダークマターの存在は予想されていた*15．

以下で，銀河と銀河団のそれぞれにダークマターが付随していることを示すより直接的な観測データを紹介しよう．

5.3.1 銀河を取り巻くダークマター

渦巻銀河の円盤部に分布する星やガス雲は銀河中心の周りを公転運動している．われわれの視線方向が円盤面と平行に近い銀河の場合には，可視光あるいは電波の特性線のドップラー効果を利用して，円盤の回転速度 V_c を中心からの距離 R の関数として求めることができる．これを渦巻銀河の回転曲線と呼ぶ．近似的に，銀河の質量分布が球対称だと仮定すれば，$V_c(R)$ は中心から半径 R 内の全質量 $M(R)$ を用いて

$$V_c(R) = \sqrt{\frac{GM(R)}{R}} \tag{5.5}$$

と書ける．

図 5.7 の上図は，可視域での銀河の表面輝度分布（単位面積あたりの明るさ）である．中心から $R_{\rm opt} = 10 - 20$kpc より遠方では，もはや直接観測できない暗さとなる．この輝度分布は明るく輝く星の分布を反映しているので，それを星の質量分布に変換して，予想される（5.5）式を描いたのが下図の実線である．これに対して，実際の観測値（点線）は，$R_{\rm opt}$ をはるかに越える距離までほぼ一定のまま延びており，「平坦な回転曲線」と呼ばれている．この平坦な回転曲線は，明るい成分（星，あるいはガス）がほとんど存在しない領域までも，銀河の質量が $M(R) \propto R$ にしたがって増大していることを意味し，光を発しないダークマターが銀河を取り巻いていることを示す強い観測的証拠である．

---

*15 Hohl, F., *Astrophys. J.*, **168**（1971）343. Ostriker, J. P. and Peebles, P. J. E., *Astrophys. J.*, **186**（1973）467.

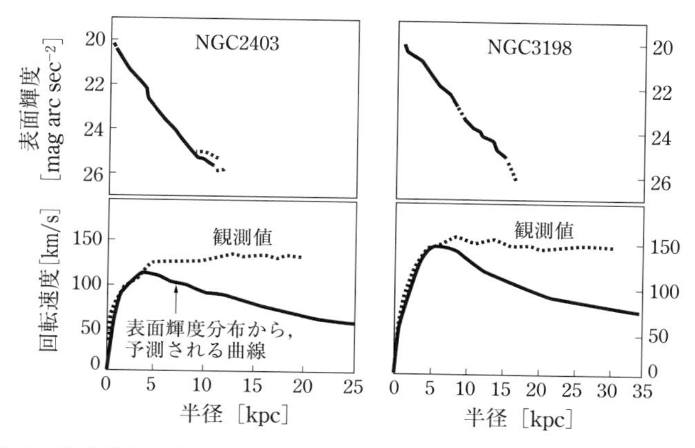

図 **5.7** 渦巻銀河（左：NGC2403, 右：NGC3198）の表面輝度（上）と，中性水素の 21 cm 電波輝線から求められた回転曲線（下）．ここではハッブル定数の値を $h = 0.75$ と仮定した．点が観測値で，下図の実線は光っている物質の質量分布だけから予想される回転曲線．van Albada, T. S. and Sancisi, R., *Phil. Trans. R. Soc. Lond.*, **A320**（1986）447 のデータをもとに作成．

5.3.2 銀河団を取り巻くダークマター

銀河団はもともと光学観測データから同定されたものであるが，その重力ポテンシャルに対応するガスの温度が数 keV 程度になるため，むしろ X 線領域でより明るく輝く．このためその研究において X 線観測の果たす役割はきわめて大きい．銀河団の力学的進化（ケプラー運動）の時間スケールは現在の宇宙の年齢の 1/10 程度であるから，銀河団は全体としてほぼ力学的平衡状態に近いと考えてよい（3.9, 4.8 節）．したがって，メンバー銀河をテスト粒子と考えたときの力学平衡の式，あるいは，高温ガスの静水圧平衡の式を利用して，半径 R 内の銀河団の質量 $M_{\rm tot}(R)$ を推定できる．この方法で推定された値は，銀河団内で輝いている銀河あるいはガスの質量（$M_{\rm gal}(R)$ あるいは $M_{\rm gas}(R)$）のみならず，ダークマターまで含んだ力学的全質量に対応している．

たとえば，かみのけ座銀河団の中心から $R = 1.5\,h^{-1}$Mpc 以内の全質量は，$M_{\rm tot}(R) \approx 7 \times 10^{14}\,h^{-1}\,M_\odot$ と推定されている．一方，そのなかの輝く銀河だけを足し合わせた質量は，$M_{\rm gal}(R) = (1.0 \pm 0.2) \times 10^{13}\,h^{-1}\,M_\odot$,

X 線で輝く高温ガス成分の質量は $M_{\mathrm{gas}}(R) = (5.5 \pm 1.0) \times 10^{13} h^{-2.5} M_{\odot}$ である．つまり，$M_{\mathrm{gal}}(R)$ と $M_{\mathrm{gas}}(R)$ を合わせても $M_{\mathrm{tot}}(R)$ の約 1 割にすぎず，残り約 9 割の質量はダークマターの寄与なのだ．

これとはまったく独立に，銀河団の背景にあるクェーサーが銀河団の強い重力ポテンシャルによって複数の像をつくる現象（重力レンズ効果）を利用して，銀河団の質量を推定することもできる．図 5.8 は，われわれから約 98 億光年の距離にあるクェーサーが，その途中にある $3 \times 10^{14}\, M_{\odot}$ 程度の質量の巨大銀河団による重力レンズ効果を受け 4 つの分離像をつくったものだ．まさに宇宙の果てから浮かびあがる蜃気楼といえる．

この 4 重像は X 線観測衛星チャンドラによっても観測されている（図 5.9）．その結果，この銀河団の詳細な質量分布の推定が可能となり，この巨大銀河団にも，銀河や高温ガス成分をはるかに上回る大量のダークマターが付随していることが明らかとなった．

5.4 ダークマターはバリオンか？

宇宙に大量のダークマターが存在するという認識は，1970 年代末には，少なくとも天文学者の間ではほぼ市民権を得ていた．しかし，当時ダークマターの候補として考えられていたのは，光らない天体，すなわち，恒星になり損ねた褐色矮星や惑星，それらとは逆に，光り輝く恒星としての一生を終えた天体である白色矮星，中性子星，さらにはブラックホール，などであった．これらは，地上における「普通の」物質，すなわち，バリオン，からなる*16．しかし現在では，ダークマターがバリオンである可能性はほぼ否定されている．その理由を理解するには，ダークマターが「存在する」という定性的結果にとどまらず，「どの程度」存在するか，という定量的な検討が必要となる．

---

*16 すでに見てきたように，地上の物質を構成する原子は原子核と電子からなる．原子核中の核子は素粒子クォーク 3 つからなる複合粒子でバリオンと呼ばれ，電子はそれ自身素粒子でレプトンと呼ばれる．しかし，原子核に比べて電子の質量は 3 桁も小さいため，事実上原子の総質量には寄与していない．このため，誤解を招きやすい言い方ではあるが，宇宙の質量密度を議論する際には，すでに既知の「普通の物質」をさして「バリオン」と呼ぶ慣習となっている．

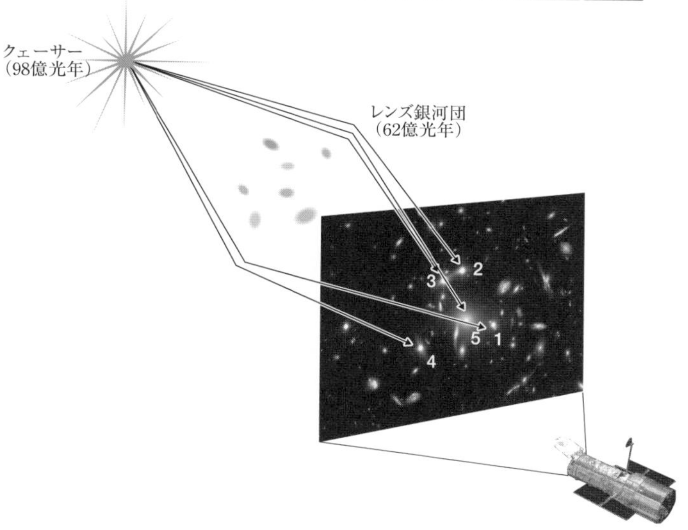

図 **5.8** クェーサー SDSS J1004 の重力レンズ多重像とレンズ銀河団. Inada, N., *et al.*, *Nature*, **426**（2003）810; Sharon, K. *et al.*, *Astrophys. J.*, **629**（2005）L73 より. 中心にある明るい天体はこの銀河団に属する巨大銀河で, その周りに 1 から 4 の数字で示されている 4 つの明るい点状の天体のスペクトルがきわめてよく一致しているため, 背景にあるクェーサー（SDSS J1004+4112）が, 重力レンズ効果の結果 4 つの異なる像として見えていることが確認された. 実は合わせて 5 つの像が見えているのだが, 5 つ目の像は暗く中心付近の銀河の明るさに埋もれており, 詳細な解析によって初めて分離できる.

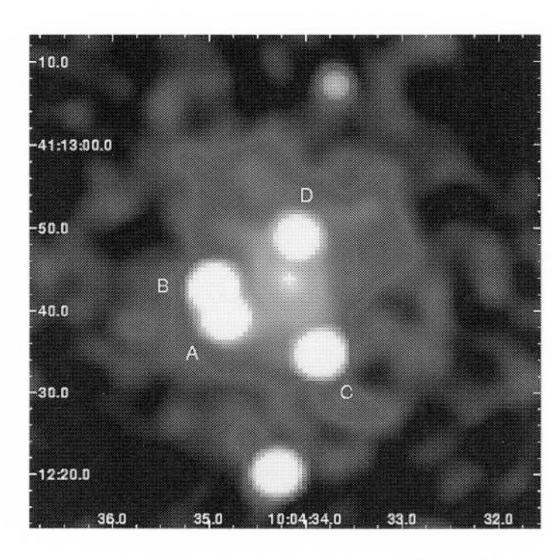

図 **5.9** クェーサー SDSS J1004 の重力レンズ多重像とレンズ銀河団．X 線観測衛星チャンドラによる観測．Ota, N. *et al.*, *Astrophys. J.*, **647** (2006) 215 より．

5.4.1 宇宙膨張と質量密度

まず宇宙に存在する（バリオンとダークマターをあわせた）すべての物質の質量密度の値を推定することから始めよう．一様密度 ρ で半径 d の球の表面から速度 v_0 で粒子が垂直に（動径方向に）飛び出すものとする．この粒子が無限遠方に到達できるか，あるいは再びこの球にもどってくるかは，粒子がもつ単位質量あたりのエネルギー：

$$E = \frac{1}{2}v_0^2 - \frac{GM(<d)}{d} \tag{5.6}$$

の値の正負によって決まる．ここで，v_0 としてハッブルの法則を用いて宇宙膨張の速度である (3.14) 式を代入すれば，(5.6) 式は

$$E = \frac{1}{2}(H_0 d)^2 - \frac{4\pi G}{3}\rho d^2 = \frac{4\pi G}{3}d^2\left(\frac{3H_0^2}{8\pi G} - \rho\right) \tag{5.7}$$

と変形される．右辺の括弧内の第 1 項は密度の次元をもち，宇宙の臨界密度：

$$\rho_{c0} \equiv \frac{3H_0^2}{8\pi G} \approx 1.9 \times 10^{-29}\, h^2\,\mathrm{g/cm^3} \approx 2.8 \times 10^{11}\, h^2 M_\odot/\mathrm{Mpc^3} \tag{5.8}$$

と呼ばれている．ρ_{c0} はハッブル膨張速度がちょうど脱出速度に一致する場合の質量密度に対応する．今の場合，ハッブル膨張速度をもつ粒子のみを考えているので，ρ が臨界密度 ρ_{c0} より大きければ重力が勝ち粒子はやがても

どってくる（$E < 0$）．他方，ρ が ρ_{c0} より小さければ粒子はやがて無限遠方へ飛び去ってしまう（$E > 0$）．

上述の議論はあくまでニュートン力学が成り立つことを仮定した定性的なものにすぎず，厳密には正しくない．しかしじつは一般相対論を用いた正確な議論からもまったく同じ結果が得られる．ただしその物理的な解釈は異なり，v_0 は膨張していない空間のなかでの粒子の運動ではなく，空間そのものの膨張を示す．その結果，現在膨張していることがわかっているこの宇宙も，その平均密度が，$\rho > \rho_{c0}$ であれば今後やがては収縮に転ずる一方で，$\rho < \rho_{c0}$ であれば永遠に膨張を続けることになる．臨界密度 ρ_{c0} が d には依存せず H_0 だけで決まることからもわかるように，ρ_{c0} は現在の宇宙そのものを特徴づける重要な値である．

そこで現在の宇宙の質量密度 ρ をこの臨界密度を用いて無次元化した

$$\Omega \equiv \frac{\rho}{\rho_{c0}} \tag{5.9}$$

を密度パラメータと呼ぶ．宇宙の物質にはさまざまな成分があるので，それらを区別するために下添字をつける．たとえば，宇宙のバリオン（baryon）密度パラメータは Ω_b，バリオンであるかないかを問わずすべての非相対論的物質の総和に対応した物質（matter）密度パラメータは Ω_m である．

さらに，光のように質量はなくともエネルギーをもつ成分もまた宇宙膨張の重力源となる．アインシュタインの関係式 $E = mc^2$ を用いれば，エネルギー密度も質量密度に換算できるので，光に対する密度パラメータ Ω_γ，さらに宇宙定数（Λ）の密度パラメータ Ω_Λ も同様に定義できる（6.7 節）．

5.4.2 ビッグバン元素合成とバリオン質量密度

Ω_b の値は，ビッグバン元素合成理論の予言と軽元素の観測的存在量を比較して推定できる．5.2 節で述べたように，宇宙初期のバリオンはすべて，陽子あるいは中性子として存在していた．その後，宇宙膨張によって温度が下がるにつれて，重水素（D），ヘリウム（^{4}He），リチウム（^{7}Li）などの軽元素の原子核が合成される．核子が複数個同時にぶつかって一挙に質量数の大きい元素を形成することは難しいので，元素合成はいったん重水素の合成反応を経由する．

しかし重水素はその結合エネルギーがわずか 2.2 MeV しかなく，宇宙を満たしている背景輻射の光子と衝突して容易に分解してしまう．核子あたりの光子の数が多いほどこの光分解反応はより進みやすいため，重水素の生成量が減り，結局ヘリウムの存在量が小さくなる．その一方で，ヘリウムになりそこねた最終的な重水素の量は逆に大きくなる．このように，軽元素の存在量は核子と光子の個数密度比 η の値に敏感に依存する．軽元素存在量の観測値をもっともよく再現する η の値は

$$\eta \equiv \frac{n_{\mathrm{N}}}{n_\gamma} = (5.5 \pm 0.5) \times 10^{-10} \tag{5.10}$$

である[*17]．

η の値は宇宙が膨張しても時間的に変化しないことが証明できるので，η は宇宙を特徴づける無次元量である．この性質のおかげで，本来宇宙が誕生して 3 分後の時期の値を示す（5.10）式と，観測される背景輻射光子の個数密度 n_γ（その温度 T_{CMB} から決まる）の現在の値を組み合わせて，現在の核子個数密度 n_{N}，したがって，バリオンの密度パラメータ Ω_{b} が推定できる．具体的には

$$\text{観測値} : T_{\mathrm{CMB}} = 2.725 \pm 0.001\,\mathrm{K} \quad \rightarrow \quad n_\gamma \approx 412\,\mathrm{cm}^{-3} \tag{5.11}$$

と（5.10）式より，現在の宇宙での n_{N} と Ω_{b} の推定値は以下の通り．

$$n_{\mathrm{N}} = \eta n_\gamma \approx 2.3 \times 10^{-7}\,\mathrm{cm}^{-3}, \tag{5.12}$$

$$\Omega_{\mathrm{b}} = \frac{\rho_{\mathrm{b}}}{\rho_{\mathrm{c0}}} = \frac{m_{\mathrm{N}} n_{\mathrm{N}}}{\rho_{\mathrm{c0}}} \approx 0.04 \left(\frac{0.7}{h}\right)^2. \tag{5.13}$$

ビッグバン元素合成理論から推定されるのは宇宙のバリオンの総量だ．それらが光っているかどうかは問わない．あくまでバリオンはすべて星となって輝いているわけではなく，その一部は星間ガスや銀河間ガス，さらには，暗い天体（たとえば，白色矮星や中性子星，ブラックホールなど）としても存在しているであろう．とはいえ，後述のように宇宙のダークマターの総量は密度パラメータに換算して約 0.26 であり，上述の Ω_{b} の 5 倍以上もある．

---

*17　Burles, S., Nollett, K. M. and Turner, M. S., *Astrophys. J.*, **552**（2001）L1.

したがって，ダークマター（の大半）はバリオン以外の未知の物質であると結論せざるを得ない．

5.5 冷たいダークマター

非バリオンダークマターというのはあくまで消去法によって得られた結論でしかない．したがって，直接検出されない限り，その存在はしょせん机上の空論の域を出ないと思われるかもしれない．にもかかわらず，ダークマターの存在はほとんどの素粒子論・宇宙物理学研究者によって確定した事実であると信じられている．

ダークマターが非バリオンであるならば，微視的世界の階層を記述する素粒子の標準モデルを超えた粒子が有力な候補となる．通常，ダークマターはその粒子の平均的速度（これは温度に対応するものと考えられる）の大きさに応じて，「熱い」ダークマター（Hot Dark Matter; HDM）と「冷たい」ダークマター（Cold Dark Matter; CDM）の 2 種類に分類される[*18]．質量をもったニュートリノは熱いダークマターの代表例である．また，強い相互作用における荷電パリティ対称性の破れを起こさないように導入されるアクシオンや，標準素粒子モデルを超える超対称性理論で予言される粒子などは，冷たいダークマターに分類される．

これらのなかで今のところ実験的に存在が確認されているものはニュートリノだけであり，その意味ではもっとも現実的な候補である．しかし高速度で運動する熱いダークマターは，銀河スケールに対応する密度ゆらぎの種をならしてしまい，銀河を形成することが困難となる．そのため熱いダークマターは宇宙のダークマターの主成分ではないことが結論される．このように，現在の宇宙論は冷たいダークマターの存在を前提として構築されている．その理由は単純で，ほとんどの観測事実をうまく説明するからである[*19]．

---

*18　その中間の「暖かい」ダークマター（Warm Dark Matter; WDM）を考えることもある．

*19　観測事実と矛盾する可能性もいくつか指摘されているが，現時点ではそれが観測データの解釈の問題にすぎないのか，あるいは冷たいダークマターの本質的困難なのかわかっていない．

では，宇宙を満たすものの「主成分」が冷たいダークマターだと結論してよいのだろうか？　1990 年代以降，これに対して否定的な証拠が出てきた．アインシュタインがかつて導入した宇宙定数が主成分ではないかというのである．宇宙定数は，空間的に局在することなく宇宙全体を一様に満たす，いわば真空自身がもつエネルギーのような存在だと考えられている．現在では，この宇宙定数をより一般化した存在はダークエネルギーと呼ばれ，宇宙論研究の中心的課題となっている．ダークエネルギーのもっとも有力な候補が宇宙定数だ，と言い換えても良い．そこで，宇宙の組成をめぐる議論の最後として，このダークエネルギーと宇宙定数を考えてみよう．

5.6 超新星と宇宙の加速膨張

宇宙膨張を示すハッブルの法則（3.14）式は，遠方銀河までの距離 d とその銀河とわれわれとの相対速度 v_0 の比例関係である．これは近傍の宇宙で成り立つ近似式でしかなく，より遠方の宇宙では相対速度と宇宙の膨張速度という概念の対応は明確ではなくなる．また，宇宙膨張が時間的に減速しているのか，あるいは逆に加速しているのかの違いはさらに重要な意味をもつ．その記述には一般相対論が必要となるが，本質的な部分は（厳密さを気にしなければ）ニュートン力学からの類推でほとんど理解できる．

5.6.1 宇宙の運動方程式

一般相対論にもとづいて宇宙の「半径」$R(t)$[*20]の運動方程式を具体的に書き下すと

$$\frac{\mathrm{d}^2 R}{\mathrm{d}t^2} = -\frac{G}{R^2}\frac{4\pi R^3}{3}\left(\rho + 3p - \frac{\Lambda}{4\pi G}\right) \tag{5.14}$$

となる．右辺の括弧第 1 項だけを見れば，半径 R，一様密度 ρ をもつ球の表面の重力加速度に対応するニュートンの逆 2 乗則そのものである．一般相対論によって新たに加わる効果は，圧力 p もまた重力の源となること（第 2 項），さらに「宇宙定数」Λ が正の値をとる場合には実効的に負の重力＝

＊20　正確には「半径」ではなく，空間のスケールの相似的な拡大縮小の度合いを示す「スケール因子」と呼ばれる量に対応する．

万有斥力として寄与すること（第3項）の2点である．アルベルト・アインシュタイン（1879-1955）はこの Λ の自由度を用いて，膨張も収縮もしない静的宇宙モデルを構築しようとした（1917年）．静的宇宙モデルの提案自体はまったくの失敗であったのだが，なんとその80年後に宇宙を加速膨張させる可能性として再度注目されるようになった．宇宙が圧力の無視できる（非相対論的）物質で満たされている場合には，(5.14) 式を

$$\frac{1}{RH_0^2}\frac{\mathrm{d}^2R}{\mathrm{d}t^2} = -\frac{\Omega_\mathrm{m}}{2}(1+z)^3 + \Omega_\Lambda \tag{5.15}$$

と書き直すことができる．ここで，

$$\Omega_\mathrm{m} \equiv \frac{8\pi G\rho(t_0)}{3H_0^2}, \qquad \Omega_\Lambda \equiv \frac{\Lambda}{3H_0^2} \tag{5.16}$$

は，5.4節で定義した，現在の宇宙における（非相対論的）物質と宇宙定数に対する密度パラメータである．

(5.15) 式の左辺は宇宙の膨張の加速度を規格化した量である．その右辺の第1項は，通常の物質（Ω_m）による重力は引力であるから，つねに宇宙膨張を減速させる方向に働くことを示す．また過去（z が大きくなる方向）の宇宙はより高密度であるため，現在の値に比べて，物質の重力に対応する寄与は $(1+z)^3$ 倍になる．一方，右辺の第2項は宇宙定数の寄与であり，その名前の通り時間にはよらず Ω_Λ だけの「万有斥力」を及ぼし宇宙膨張を加速させる．ニュートン力学ではこの第2項は存在しないため，宇宙膨張はつねに減速する．しかしこの第2項が存在する一般相対論では，宇宙膨張が減速ではなく加速する可能性がある．しかし，この Λ の値を理論的に導くことは困難であり，観測によって推定するしかない．

5.6.2 Ia型超新星と宇宙定数

超新星は星の進化の最終段階での爆発現象であり，そのスペクトルが示す性質から，Ia, Ib, Ic, II型に分類される．とくにIa型超新星は連星系中の白色矮星が起こす現象だと考えられており，ピークとなる最大絶対光度はほぼ一定で，約1カ月もの長期間にわたりその母銀河と匹敵するほどの明るさを示す（図5.10）．そのため，Ic型超新星は遠方にあるその母銀河までの距離を決定するための標準光源として有用であり，遠方宇宙におけるハッブ

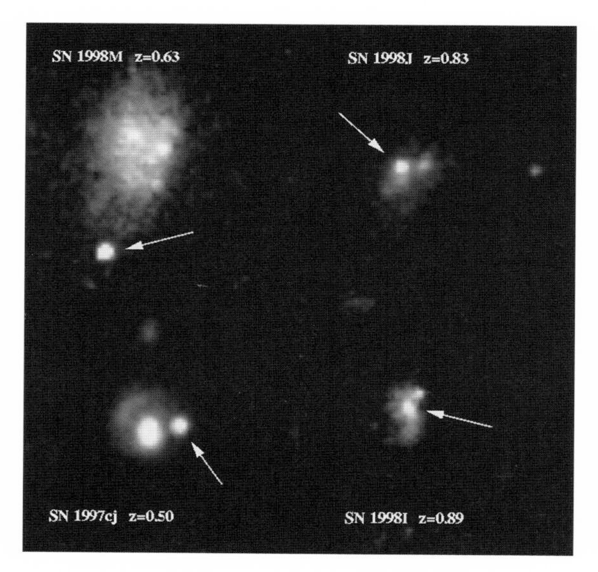

図 5.10 HST 観測による 4 つの Ia 型超新星とその母銀河.

ルの法則を研究するうえでの主役となっている.

簡単のために，すべての Ia 型超新星の明るさが一定であると近似しよう. その場合，発見された Ia 型超新星の母銀河の赤方偏移 z が測定できれば，その超新星までの距離がわかるので，見かけの明るさが理論的に予想できる. 実際にはその距離は（主として）Ω_{m} と Ω_{Λ} の 2 つのパラメータの値によって決まる. したがって，異なる z にある数多くの超新星を観測し，実際の見かけの明るさの z 依存性を理論モデルと比較すれば，Ω_{m} と Ω_{Λ} の値を推定できる. 例として，図 5.11 に，超新星と宇宙マイクロ波背景輻射の観測データからの制限を示す. これによれば

$$\Omega_{\mathrm{m}} = 0.299 \pm 0.024, \quad \Omega_{\Lambda} = 0.698 \pm 0.019 \tag{5.17}$$

という結果が得られている*21. さて，(5.15) 式の右辺が正（負）であれば，赤方偏移 z における宇宙膨張は加速（減速）していることになる. 具

*21 宇宙論パラメータの推定値は，理論モデルの仮定と用いる観測データの組み合わせに依存する. したがって，発表された論文によって完全に一致するわけではないし，小数点 2 桁目以降はその影響が大きいことに注意すべきである.

体的に加速膨張の条件は

$$2\Omega_{\Lambda} > \Omega_{\mathrm{m}}(1+z)^3 \tag{5.18}$$

と書き下される．（5.18）式の Ω_{m} と Ω_{Λ} に（5.17）式の推定値を代入すると，$z < 0.8$ となる．言い換えれば，誕生後約 70 億年（$z \approx 0.8$）で宇宙の膨張は減速から加速に転じ，それ以降現在に至るまで宇宙は加速膨張を続けているのである．

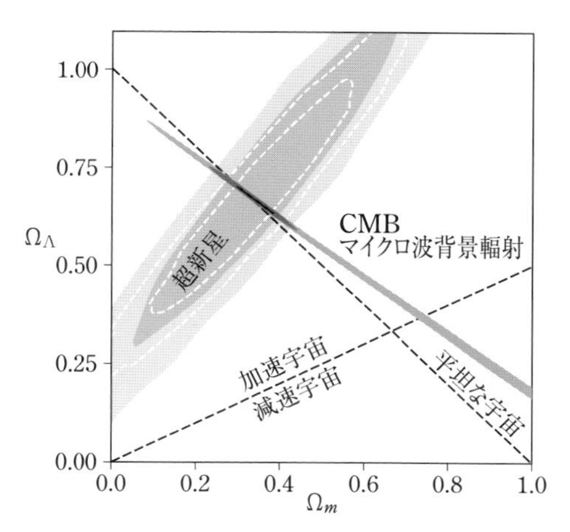

図 **5.11**　超新星と宇宙マイクロ波背景輻射の観測データを組み合わせて得られる Ω_{m} と Ω_{Λ} への制限．Abott, T.M.C. *et al.*, *ApJL*, **872** (2019) L30 をもとに作成．

5.7　宇宙マイクロ波背景輻射と宇宙の組成

宇宙は過去に遡れば遡るほど圧縮された高温高密度の状態となる．その結果，宇宙空間を満たす中性水素原子は電離して，陽子と電子がバラバラのプラズマ状態にあった．そのように大量の自由電子に満たされた宇宙を伝わる光は，電子と頻繁に衝突するために直進できない．これは，あたかも霧のなかでは水の粒に光が散乱するため，先が見通せない状態そのものである．しかし，宇宙が膨張するにつれて徐々に温度が下がり，絶対温度で約 3000K 程度になると（宇宙誕生から 38 万年後に対応する．現在の宇宙年齢である

138億年と比べれば，近似的には宇宙の始まりの時刻だとみなしてよいほど)，電子と陽子がお互いのクーロン力で結合して中性水素原子となる．その結果，光の直進を妨げていた自由電子の数が急速に減少し，光は直進できるようになる．これをいままで視界を遮っていた霧が急に晴れる状況にたとえて，「宇宙の晴れ上がり」と呼ぶ[*22]．この晴れ上がり直後の宇宙を満たしていた背景光が現在のわれわれに届いたものがCMBである．このCMBの発見はビッグバン宇宙モデルの確定的な証拠となった．

さらに特筆すべきなのは，CMB温度ゆらぎ全天地図データの飛躍的進歩である．CMBを宇宙から観測し詳細なデータを提供したCOBE（Cosmic Background Explorer：1989年打ち上げ)，WMAP（Wilkinson Microwave Anisotropy Probe; 2001年打ち上げ)，Planck（2009年打ち上げ)の3つの専用観測衛星は，宇宙論の発展において歴史に残る成果を挙げた．とくに，COBEによるCMB温度ゆらぎの初発見は，宇宙の天体諸階層が重力によって成長したとする「重力不安定理論」[*23]を確立した．図5.12は，異なる方向から来るCMB温度ゆらぎの観測精度向上の足跡を如実に示している．このCMBの例に象徴されるように，天文観測技術の長足の進歩の積み重ねが，精密科学としての宇宙論を支えている．

図5.13は，誕生後わずか38万年後の宇宙の情報を直接伝える宇宙最古の古文書である．この古文書に暗号化されて隠されているのは6個の標準宇宙論パラメータ[*24]の値であり，その地図から復元された温度ゆらぎスペクトルを，冷たいダークマターモデルという文法書を用いながら解読していくことになる．さらに定量化するために，CMB地図の天球上各点での温度ゆらぎ$(\delta T/T)(\theta,\varphi)$を，球面調和関数$Y_{lm}(\theta,\varphi)$を用いて

---

*22　これは佐藤文隆京都大学名誉教授が名付けた優れた表現であり，英語には対応する言い方はない．

*23　重力は引力であるため，宇宙の平均密度に比べて高密度の領域は収縮してさらに高密度になり，逆に低密度領域は相対的により低密度になる．このようにして宇宙初期に存在したきわめて小さな空間的非一様性は局所的にその振幅を増大させ，やがて宇宙膨張を振りきって自己重力系となり天体諸階層が誕生したものと考えられる．このシナリオは，質量密度の平均値からのずれが重力によって増幅する，という意味で重力不安定理論と呼ばれている．

*24　どのような理論モデルを前提とするかにもよるが，標準的には，ハッブル定数h，バリオン密度$\Omega_{\rm b}$，ダークマター密度$\Omega_{\rm d}$，宇宙定数Ω_{Λ}，密度ゆらぎの振幅とそのスペクトル指数をさす．さらに後述の宇宙の状態方程式パラメータwなどを加えることもある．

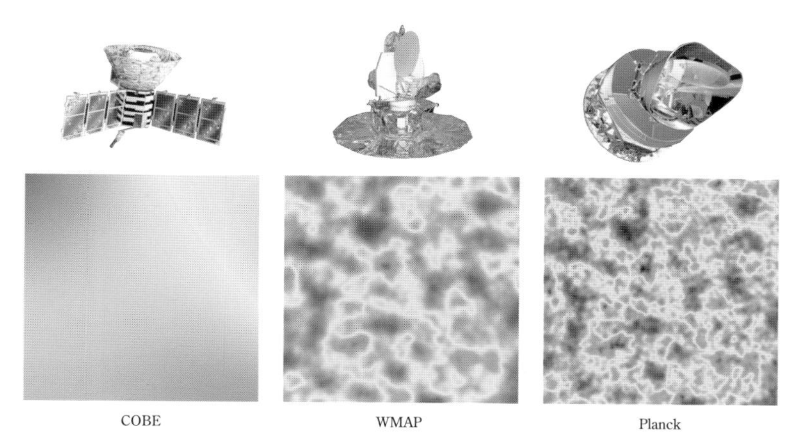

図 **5.12** CMB 観測衛星の角度分解能の進歩．天球上の 10 平方度の同じ領域を 3 つの CMB 探査機で観測した際の画像の比較．COBE, WMAP, Planck 探査機の角度分解能はそれぞれ大まかには 7 度，12 分，5 分である．http://www.esa.int/Enabling_Support/Operations/Planck より．

図 **5.13** プランク衛星による宇宙マイクロ波背景輻射温度ゆらぎ全天地図．http://www.esa.int/Enabling_Support/Operations/Planck より．

$$\frac{\delta T}{T}(\theta, \varphi) = \sum_{l=2}^{\infty} \sum_{m=-l}^{l} a_{lm} Y_{lm}(\theta, \varphi) \tag{5.19}$$

と展開し，（空間の回転対称性から）m 成分に関して平均した CMB 温度ゆ

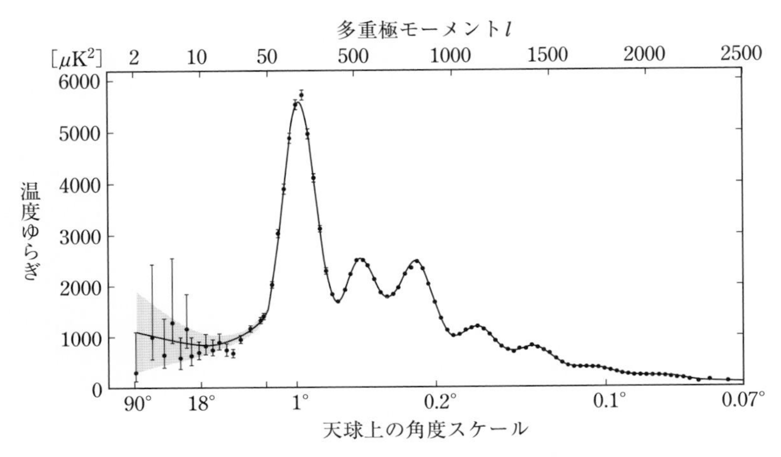

図 **5.14** プランク衛星による宇宙マイクロ波背景輻射温度ゆらぎのスペクトル．http://www.esa.int/Enabling_Support/Operations/Planck より．

らぎの 2 次元パワースペクトルを

$$C_l \equiv \frac{1}{2l+1} \sum_{m=-l}^{l} |a_{lm}|^2 \qquad (l \geq 2) \tag{5.20}$$

で定義する*25．

図 5.14 の誤差棒つきのデータ点は，プランク衛星が 2016 年に発表した観測結果である．このように宇宙温度地図を解読して得られた C_l を，さまざまな宇宙論パラメータをもつ冷たいダークマターモデルの理論予言と比較することで，最終的にその古文書に隠されたパラメータの値が推定できる．図 5.14 の実線は表 5.2 の上から 5 つのパラメータの値の組に対応する理論予言である．

*25　一様成分と二重極成分である $l=0$ と $l=1$ のモードは，それぞれ，宇宙の温度の平均値 ($T_{\rm CMB} = 2.725 \pm 0.001$ K)，われわれの太陽系の CMB 静止系に対する運動にともなうドップラー効果 (369 ± 11 km/s) に対応する．これらは宇宙の初期ゆらぎとは無関係なので，宇宙論パラメータの推定には用いない．

表 **5.2** プランク衛星チームの解析にもとづく主な宇宙論パラメータの推定値. Planck Collaboration, *Astronomy and Astrophysics*, **A6** (2020) 641 の Table2 と Table4 にもとづく.

記号	推定値	意味
H_0	$(67.66 \pm 0.42)\,\mathrm{km \cdot s^{-1} \cdot Mpc^{-1}}$	ハッブル定数
$\Omega_\mathrm{b}h^2$	0.02242 ± 0.000014	バリオン密度パラメータ
Ω_m	0.3111 ± 0.0056	非相対論的物質密度パラメータ
Ω_Λ	0.6889 ± 0.0056	宇宙定数密度パラメータ
t_0	137.87 ± 0.20 億年	現在の宇宙年齢
Ω_K	0.0007 ± 0.0037	宇宙の曲率パラメータ
w	-1.04 ± 0.10	宇宙の状態方程式パラメータ

5.8 宇宙の状態方程式とダークエネルギー

さてここで再び（5.14）式に戻ろう．この式は一般相対論の基礎方程式であるアインシュタイン方程式を具体的に書き下したものだ．アインシュタイン方程式の左辺は時空の性質を表す幾何学量，右辺はその時空に存在する物質の性質に対応する．宇宙定数は，宇宙に実在する物質の一形態としてではなく，時空の幾何学的性質のもつ自由度として導入されたものなので，本来は，（5.14）式でも，右辺ではなく左辺におくべきものだった．しかしながら，現在では（5.14）式のようにそれを右辺におくことが多い．これは単なる移項ではなく，宇宙定数を物理的な意味をもつ物質の一形態と解釈し直すことに対応する．この解釈にしたがえば，通常の物質に加えて，エネルギー密度 ρ_Λ と圧力 p_Λ をもつ宇宙定数に対応する物質を考えて，（5.14）式を

$$\frac{\mathrm{d}^2R}{\mathrm{d}t^2} = -\frac{4\pi GR}{3}\left[\rho + \rho_\Lambda + 3(p + p_\Lambda)\right] \tag{5.21}$$

と書き換えるほうがわかりやすい．（5.21）式と（5.14）式を比べれば

$$\rho_\Lambda = \frac{\Lambda}{8\pi G}, \quad p_\Lambda = -\frac{\Lambda}{8\pi G} \tag{5.22}$$

という関係が得られる．つまり，宇宙定数に対応するある種の「物質」が存在するならば，それは圧力が負という奇妙な性質を満たさねばならない．

いったん負の圧力をもつ物質の存在を認めれば，それはさらに一般化できる．たとえば

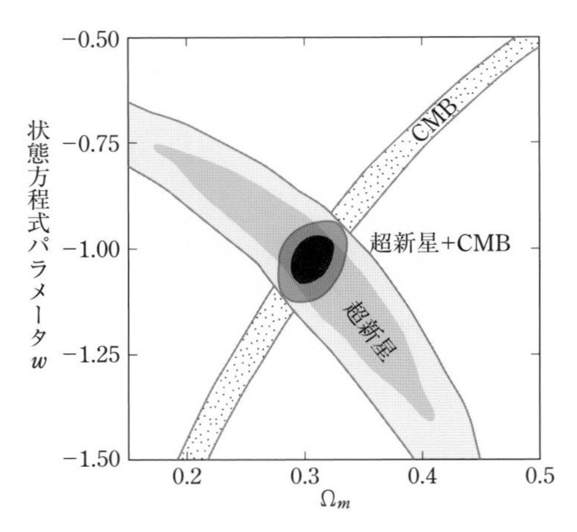

図 5.15 超新星と宇宙マイクロ波背景輻射の観測データを組み合わせて得られる宇宙の状態方程式パラメータの制限．Scolnic, D.M., *et al.*, *ApJ*, **859** (2019) 101 をもとに作成．

$$\frac{\mathrm{d}^2 R}{\mathrm{d}t^2} = -\frac{4\pi G R}{3}\left[\rho + \rho_X + 3(p + p_X)\right] \tag{5.23}$$

として，宇宙の状態方程式と呼ばれる圧力と密度の間の関係式：

$$p_X = w\rho_X \tag{5.24}$$

にしたがうダークエネルギーを考えることができる．(5.24) 式において，$w = -1$ とおけば宇宙定数に帰着する．したがって，ダークエネルギーが本当にアインシュタインが導入した宇宙定数なのかどうかを知るには，観測的に $w = -1$ なのかを調べればよい．

表 5.2 に示したように，プランク衛星のデータからは

$$w = -1.04 \pm 0.10 \tag{5.25}$$

という結果が得られている．さらに超新星の観測データと組み合わせて得られる制限の例を図 5.15 に示す．このように現時点の観測結果は，ダークエネルギーは実質的には宇宙定数 ($w = -1$) にきわめて近いことを示唆している．しかしながら，これは単なる偶然にすぎず，実際には w が -1 からわずかであろうと有意にずれている，あるいは定数ではなく時間変化すること

が確立することになれば，宇宙論に重大なブレイクスルーをもたらすことになる．

5.9　宇宙論の進化

現代宇宙論が解明すべき主なゴールは，「宇宙はどうして誕生したのか？」と「現在の宇宙はどうなっているのか？」の2つに集約されよう．前者は基礎物理学としての素粒子理論，後者は観測と計算機の進歩に支えられて，いずれも1980年代以降現在に至るまで，宇宙論研究の飛躍的な発展を牽引してきた．その結果として，インフレーション宇宙論，宇宙の大構造，宇宙マイクロ波背景輻射の温度ゆらぎ，ダークマター，宇宙定数・ダークエネルギーなど，新たな概念が次々と生み出され確立してきた．その集大成としての宇宙観の進化史が図5.16だ．

しかしあえてここで，本当に宇宙観は進歩したと言えるのかという問いを発してみたい．古代エジプト，古代中国，古代インドなどに見られる過去の宇宙像は，現代的自然観からはいかにも非科学的のように見える．図5.1

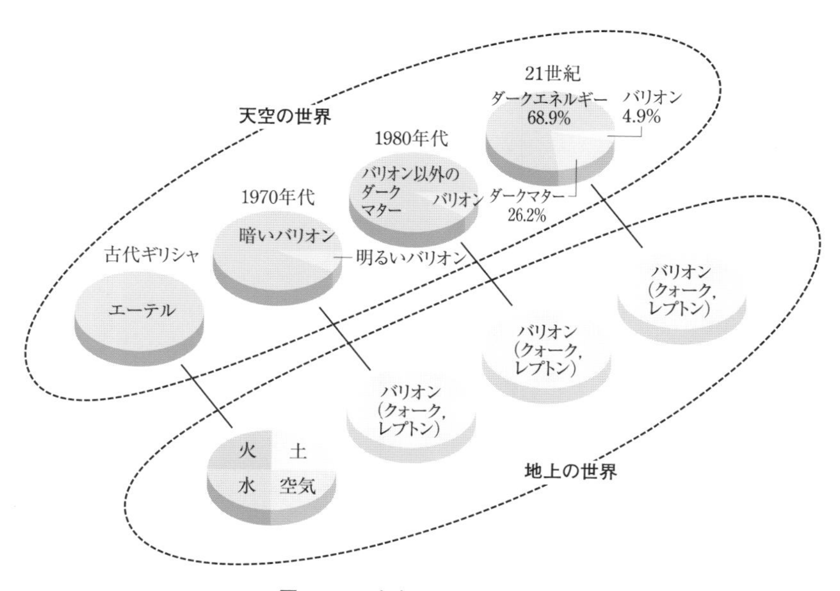

図5.16　宇宙の組成観の変遷．

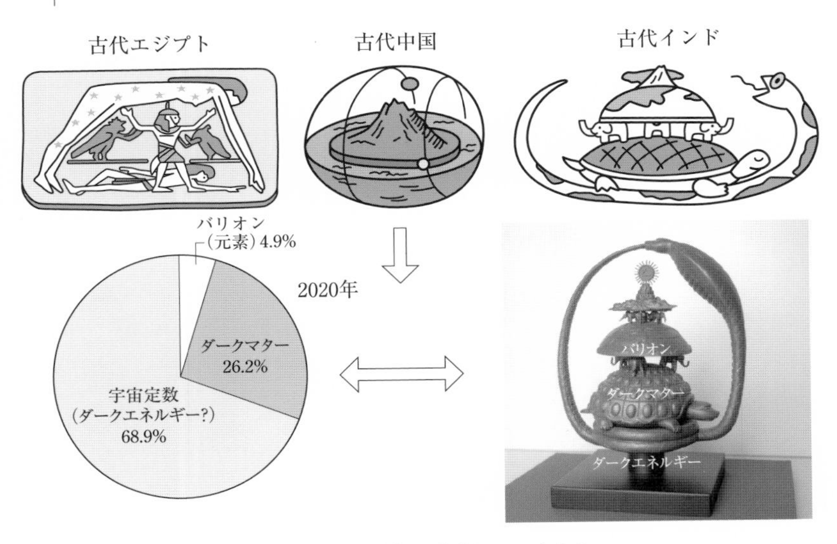

図 5.17 宇宙観は進歩しているか？

は，現在の宇宙観がいかに優れたものであるかを示す例として用いられることが多い．しかし，本当に現在の宇宙観が誇れるレベルに到達したと言ってよいのだろうか？　図 5.1 は確かに宇宙を満たす成分に定量的な数値を与えることに成功している．これだけの精度で決まっていればすでに十分満足すべきなのかもしれない．その一方で，宇宙の主成分であるダークマターとダークエネルギーのいずれも，その正体は特定できていない．そもそも「ダーク」という名前がついているのがその証拠である．図 5.17 のように，インドの宇宙像で「象 = バリオン」「亀 = ダークマター」「蛇 = ダークエネルギー」と呼び変えれば，その本質は変わっていないと極言することすら可能である．つまり，「宇宙が何からできているのか」という根源的な疑問に対する答えはまだ何もわかっていないのだ．

この皮肉な結果が象徴するように，あくまで図 5.1 は現時点での途中経過報告にすぎず，完成された描像にはほど遠い．自然科学の定義を "falsifiability"（明確に否定することができる）に求めるならば，当時その定義を満たしていなかったであろうインドの宇宙像は，現在ではすでに falsify されてしまったという意味で，立派な自然科学の仮説であった．科学的仮説としての役割を終えてもなお，これら古代の宇宙像は遠い将来であろうと，過去の人びとの文化的遺産として語り継がれ，生き延びていくことであろう．一方，図 5.1 はこのままでは，数千年後の子孫に 21 世紀の人類が構築した宇宙像として引用してもらえるレベルには達していない．このように素粒子の階層と宇宙の組成が統一されていない現状には大きな不満が残る．「ダーク」マターと「ダーク」エネルギーの正体が，微視的世界の素粒子モデルの階層としてうまく記述され，宇宙論の書物から「ダーク」というあくまでも暫定的で不名誉な形容詞が消え去って初めて，人類の歴史に残る宇宙像が構築された時代として誇ることができるのだ．

このような観点に立って，今後の宇宙論研究に残された課題をいくつか思いつくまま列挙してみよう．

(i)「ダーク」仮説の精密検証：実在と未知の物理法則

ダークマターとダークエネルギーの存在が観測的にほぼ確立したことは，もはや宇宙論という分野のみにとどまらず 20 世紀の科学が到達した偉大な成果であると言えよう．しかしながら，それらは直接検出されるまではあくまでも「仮説」と言わざるを得ない．ダークマターとダークエネルギーは本当に実在するのか？　どこかで重大な勘違いをしているために，実在しないダークマターとダークエネルギーをもちだしているだけではないのだろうか？　後者に関して言えば，一般相対論を一部修正することでダークマターやダークエネルギーを仮定せずに観測事実を説明しようとする理論的試みがある．そもそも一般相対論は古典論であり量子論的な補正は必然であること（ただしこれはミクロなスケールの話である）を考慮すれば，それが修正されるべき可能性は否定できない．それどころか，ダークエネルギーあるいは宇宙定数が実在するという考え方はそれと同等以上に大胆なものであることを認識しておくべきである．その意味でも，さまざまな独立した観測データを総合して組み合わせることで，この「ダーク」仮説の正当性を徹底的に検証することは重要である．天文観測をより精密化して値の誤差がさらに小さくなったとき，わずかでも確実な矛盾が発見されればそれは新しい物理への第一歩となる．

(ii) ダークマターの直接検出

ダークマターの存在は，天文学が物理学につきつけた大きな挑戦である．ダークマターの具体的な性質には依存せず，質量密度の値が精度よく推定できるところが天文学的観測の利点である．正体がわからないにもかかわらず，その存在量が正確に推定できるのはまさにその利点によっている．しかし逆に言えば，天文学だけでそれ以上ダークマターの性質を特定することは難しい．地上でダークマターを直接検出する実験も長足の進歩を遂げつつあり，近い将来，ダークマター（に対応する新粒子）が発見される可能性は高い．そのときこそ，巨視的宇宙を対象とする天文学が，微視的物理学の未知な階層を発見するうえで偉大な貢献をなしたと評価されるはずだ．

(iii) ダークエネルギーと究極理論

一方，ダークエネルギーに関しては理論的に解明すべき点が山積みだ．直接検証可能となるには 100 年以上の長い時間が必要かもしれない．天文学的に推定されたダークエネルギーの存在を，「素粒子物理学をいじれば説明可能なモデルがありますよ」といった後出しの現象論的理論で説明しようとしてもあまり意味はない．「値」を理解するとは，「宇宙論とは独立な素粒子物理学自身の理論的必然性から導かれる帰結として」ダークエネルギーの存在（量）が「予言」できることである．そのためには，物理学の究極理論の完成が不可欠かもしれないし，あるいは後述の人間原理にもとづく考察と組み合わせる必要があるかもしれない．いずれにせよ，ダークエネルギーの正体の解明は，宇宙の本質的な理解と密接にかかわっている．

(i) から (iii) までは，現在の研究の自然な延長線上にある問いかけであるが，個人的には次の視点も付け加えておきたい．

(iv) 生命を育む環境としての宇宙論

われわれの地球上の生物界は，必然的に誕生したのか，あるいは広大な宇宙における唯一の奇跡的存在なのか．この永遠の疑問への答えを探るのも 21 世紀科学の中心課題である．1995 年の太陽系外惑星の発見以来，宇宙生物学への関心が急速に高まっている．今まで単なる哲学あるいはサイエンス・フィクションの域を出なかったテーマが，今や最先端科学の一分野として確立しつつある．そのためには狭い意味での天文学や物理学という分野に閉じこもるのではなく，惑星科学・生物学・化学を巻き込んだ新たな研究分野の創設が不可欠だろう．どれだけの時間がかかるかすらまったく想像できない．しかし，地球上の人類が科学的探求を続ける限り，宇宙における生命は，やがて解明されるべき最終課題である．

むろんこれ以外にも，物理学のブレイクスルーをもたらし得るような重要なテーマは枚挙に暇がない．歴史的には，科学の進歩は必ずしも予定調和的な順序ではなく，まったく思いがけない偶然の発見が糸口となって発展してきたほうが多い．どのような経路で科学が進もうとも，その先には次なる新たな地平線が切り開かれ，この世界の謎を問いかけ続けてくれることは確実である．

第6章　人間原理とマルチバース

本書ではここまで，自然界の微視的および巨視的階層を概観し，それらが背後にある物理法則を通じて互いに強く結びついていることを紹介してきた．この事実を外挿すれば，原理的には物理法則だけで自然界のすべてを理解することが可能であるように思える．そして，これこそまさに物理学の最終目標なのかもしれない．しかし，さらにその先にある「なぜ物理法則がこのような特定の形をしているのだろう」といった問いには，何も答えられない．通常の意味での自然科学においては，物理法則とはあくまでただ与えられたものにすぎず，それに対して「なぜ」と問うことは，その枠外の哲学的あるいはメタ科学的態度なのだ．

にもかかわらず，物理法則はどのように決まっているのだろう，そもそも物理法則はなぜ存在しているのか，といった疑問は知的好奇心をくすぐる第一級の謎であることも間違いない．すでにくり返してきたように，「万物理論」が存在するならば，それによって物理法則の唯一無二性が証明されるのかもしれない．あるいは逆に，物理法則には無数の可能性があり，何らかの理由あるいは偶然によってある特定の可能性だけが選択されたのかもしれない．

人間原理は，主として後者の立場から，この宇宙の物理法則の不自然さを「自然に」納得するための処方箋（の１つ）である．とはいえ，科学の定義として引用されることが多い反証可能（falsfiable）な理論というよりも，どちらかと言えば「後づけ」の説明であり，人間原理を科学的仮説とみなすことは難しい．つまり，物理法則がしたがうメタな法則，あるいはその上の階層の枠組みがあるのかを問うているわけだ．ただし，個人的な好き嫌いは別として，従来の科学を超えた考え方を提供してくれるという意味では，学ぶところは多い．本書の初版が出版された2006年には，日本のみならず世界でも（おそらく英国を除き），人間原理に批判的な意見のほうが大勢を占めていた．しかしその後，人間原理の前提とも言うべきマルチバースの可能性を真剣に受け止める研究者がかなり増えてきたように思える．本章では，この宇宙をすっきりと理解する1つの考え方である人間原理とマルチバースをくわしく論じてみたい．

6.1　宇宙と世界

「宇宙」という漢語の語源（の一説）は，「淮南子斉俗訓」にある．「宇」は「天地四方上下」（3次元空間全体），「宙」は「往古来今」（過去・現在・未来の時間全体）だとされている．つまり，時空（時間と空間）と同義である[*1]．これに対して英語で宇宙を示すcosmosは，もともとは万物の秩序を意味するギリシャ語で，混乱を意味するchaosの対義語である．時間や空間という「容れ物」あるいは「器」ではなく，その背後に控えている摂理（= 物理法則）を念頭においた単語があてられている点が興味深い．日本語の「世界」は，インドから中国を経て漢語として日本に伝来した．「世」は時間，「界」は空間の観念にそれぞれ対応するので，「世界」もまた時間と空間の両方を指す訳語だとされている．過去・現在・未来の三世が世で，東西南北上下が界，といった解釈もあるようだ[*2]．

本書ではここまで「宇宙」と「世界」を区別せずほぼ同じ意味で用いてきた．しかし正しいかどうかは別として，私は「世界 $\supset$ 宇宙」，すなわち世界とは宇宙よりもさらに広い概念だと解釈している．しかし，「世界」は地球上での国の集合というglobeの意味で用いることが多いので，私の個人的な語感のほうがずれているかもしれない．その理由は，天文学や宇宙物理学の研究を通じて，私にとっての「宇宙」は単なる抽象的存在ではなく，具体的に観測できる対象になっているからだろう．

容れ物である時間と空間に加えて，星，銀河，銀河団などの天体諸階層からなる具体的な「この宇宙」，そしてその背後に潜む物理法則や自然の摂理，

---

*1　英語の“space-time”は通常「時空」と翻訳されるが，語源と順序まで含めて考えると「宇宙」と訳すほうがより適切かもしれない．

*2　つまり語源的には，「世界」は順序も含めて「時空」に近い．

さらには実際には観測できない「他の宇宙」の可能性までをも含む概念が，私が暗黙のうちに前提とする「世界」の意味である．そのため私にとって「世界」は「宇宙」を包含する（「世界 ⊃ 宇宙」），より広い概念なのだ．以下の記述では，そのような区別が反映されている場合が多いので，あらかじめ注意しておきたい．

6.2 宇宙における必然と偶然

たびたびくり返しているように，物理学のゴールの 1 つは，この自然界を支配する究極の基本物理法則を突き止めることである．そしてそこには，この世界は偶然の助けを借りることなく必然（法則または摂理と言い換えてもよい）のみによって記述できるはずだという信念あるいは価値観が控えている．これはまさに宇宙をコスモスとみなす視点にほかならない．物理学とはこの世界を必然によって説明し尽くす試みだと定義してもあながち間違いではなかろう．この試みが本当に成功するかどうかは自明ではない．しかし，現時点でも生物に代表される複雑系を除けば（それが法則で説明できないという意味ではなく，要素還元的なアプローチを適用することが本質的に難しいため），既知の現象のほとんどが驚くべき精度でうまく説明されているのも確かだ．宇宙の進化（宇宙の誕生そのものは除く）もまたその成功例の 1 つである．誕生から 38 万年後の宇宙の姿は宇宙マイクロ波背景輻射の詳細な観測データを通じて直接解読できるようになってきた．おかげで，わずか 6 個のパラメータで特徴づけられる標準宇宙モデルによって，それ以降現在に至るまでの宇宙の全体的進化はみごとに記述できる．これは，宇宙の進化が偶然ではなく，物理法則にしたがった必然的なものであることを強く示唆する．

これとは逆に，たとえばこの地球上の人間の歴史は，必然というよりもむしろ偶然の積み重ねの結果である（政治体制でいえば，紆余曲折があるにせよ，王制，封建制，民主制といった方向性があるような気もするが，それを必然と呼ぶのはいささか強引すぎるであろう）．物理学が通常扱う単純な対象に比べて，はるかに複雑な現象の総体が人間の歴史なのだろう．ただし，この宇宙史と人間の歴史の性質の違いは，ある現象をとことん何度でもくり返し調べることでそれらの根底に流れる共通性を取り出すことが可能なのか，あるいはたった1回しか起こらない事象なのか，の違いにすぎないのかもしれない（仮に，地球外文明が発見されたならば，地球の場合と比較することで，人間の歴史における偶然と必然の度合いを区別できる可能性すらある）．

物理学でも，一度しか起こらない（あるいは経験し得ない）事象を考える場合には，必然と偶然の切り分けは困難だ．そしてそれはまさに一度しかない宇宙史を復元しようとする作業，すなわち宇宙論研究において顕著となる．宇宙が存在していること（あるいは，宇宙の誕生そのもの）は，必然なのか，それとも偶然なのか．この必然と偶然の解釈については，2つの立場があり得る．ひとつは，まだ解明されていない（究極の）物理法則にしたがって宇宙の性質は一意的に決まると考える立場．もうひとつは，どのような物理法則をもつかまで含めて宇宙には無数の異なる可能性があり，その一例であるわれわれの宇宙は何らかの偶然に左右されていると考える立場である．この場合，この宇宙の性質はおろか誕生したこともまた，必然ではなく偶然ということになる．

これらは哲学的な命題にすぎず，科学的に論ずる意味はないとする立場もあり得よう．しかしそれを認めるならば，宇宙がいかにして誕生したかという物理学的モデルを構築する試みもまた根拠を失うことになりかねない．さらに，偶然とは単に「現時点ではいまだ理解されていない事象に対する弁明」を言い換えたにすぎず，実は無知と同義なのかもしれない．いずれにせよ，安易に偶然という単語をもち出して思考停止するのではなく，その先を考え続ける価値はあるだろう．

ここまでくれば，その先は個人の信念の問題である．この世界はすべてが究極の法則に支配されており，われわれの宇宙は必然的に誕生する唯一の存在だ．まだ理解できていないのは，単にわれわれが最終的な物理法則集（究極の理論，あるいはTheory of Everything）を手に入れていないだけにすぎない．その解明を諦め偶然に頼るのは，科学者の怠慢，ひいては科学の敗北宣言に等しい．これが一般的な素粒子物理学者の価値観のようである（あった）．

これに対して，宇宙論学者の多くはもっと現実的だ．世界のすべてが必然で説明し尽くせるという信念が正しいかどうかは保証のかぎりではない．それどころか，傲慢にすら思える．そもそも宇宙の誕生が本当に1回だけの事象であるならば，それを必然か偶然かと問うこと自体，無意味だ．いっそのこと，無数の宇宙が実在していると考え，そのなかで人間を誕生させる条件をたまたま兼ね備えていた（数少ない）例がわれわれの宇宙であると考えてはどうか．これが，とくに英国の天文学者を中心に支持されてきた人間原理の思想である．

人間原理にもいろいろなバージョンがあるため，「宇宙そして物理法則はわれわれ人間の存在を可能とするように調節されている」といった非科学的で過激な主張だと誤解されることもある．しかし，実は「世界は本当に必然だけで説明できるものなのか」との，むしろ謙虚かつ穏当な問いかけから出発しているのである．宇宙や物理法則そのものに強い制約を課すのではなく，むしろ人間の存在を「奇跡」や「1回だけの偶然」に頼らず自然に説明する考え方にすぎない．その真偽を検証することは不可能である[*3]という意味において科学と呼べるかどうかは別として，1つの考え方として知っておく意味はあろう．

6.3 物理屋的世界観

科学者，なかでも物理屋の大多数は「世の中の本質的なことはすべて自然法則によって説明できるはずだ」という信念をもっている．しかしながら，現実には未解明の現象が多く残っているのも事実だ．すでに述べたようにその原因を大別すれば，

(i) 基礎となる自然法則自体がまだ解明されていない

クォーク・レプトンは本当に素粒子なのか，素粒子の標準モデルを超えた理論はないのか，量子論と一般相対論を統一する究極理論は･･･など．

(ii) 本質的に複雑な系であり，要素還元的手法では理解できない

---

*3 検証可能だと主張する研究者もいるのだが，私は人間原理は検証不可能だとの立場から出発してよいと考える．

無生物から生物への進化，脳の機能，自由意志の存在，意識の起源，…など．

に帰着するであろう．

いずれにせよ「われわれがまだまだ未熟者であるために真理の解明にほど遠いだけであり，自然法則で記述できない現象や系は存在しない」と信じているわけだ．言い換えれば，「それは単に偶然としか言いようがない．まあ神様が決めたんでしょうね」といった結論を認めない（認めたくない）のが科学者である．森羅万象の起源を偶然に帰することなく，合理的に納得できる究極の説明を追究し続けるのが科学だとも言える．一方，これは科学者の信念でしかないと揶揄されたり，科学者は傲慢であるといった誤解を与えてしまっているかもしれない．

とはいえ，6.2 節で紹介した必然と偶然は，必ずしも明確に区別できるわけではない．例として宇宙の誕生と進化を考えてみよう．4 章では，微視的世界の物理法則が与えられれば，巨視的な宇宙の階層構造が必然的に予言されることを示した．5 章で見たように，実際，現在の宇宙の観測データは少数の宇宙論パラメータの値の組だけでみごとに説明される．もしもわれわれが宇宙を観測する手段をもたないと仮定した場合でも，少なくとも理論的には，惑星，恒星，白色矮星，中性子星，銀河，銀河団などの存在を物理法則だけから理論的に予想し得たはずだ．この意味では，宇宙の進化は必然である．

しかし，それらの宇宙論パラメータはなぜわれわれが観測した特別の値に定まっているのか？　その値自身も物理法則（まだ解明されていないものも含めて）によって最終的には完全に説明し尽くされる（つまり本来は観測する必要がない）のであろうか？　あるいはまったく逆に，それらの値は，偶然決まっただけで理解することなど不可能なのか？　物理法則を特徴づける基本物理定数がある特定の値に定まっている必然性はあるか？　などの疑問は残されたままだ．

なかでも私が気になって仕方ないのは，物理法則は宇宙の誕生以前からすでに存在しているのか，そうではなく，法則と宇宙は同時に誕生したのかという難問である．抽象的な意味での「世界」において物理法則が存在し，その法則のもとで具体的な「宇宙」が誕生するのか，あるいは具体的な「宇宙」が誕生しない限り物理法則は存在しようがないのか．言い換えれば，特定の物理法則を「初期条件」として宇宙が誕生するのか，あるいは誕生した宇宙を「初期条件」として法則が決まるのか．

このような問いかけを発すること自体が無意味なのかもしれない．しかし，物理法則はけっして「神聖にして侵すべからず」といった類の存在ではなく，それ自身もまた無数の自由度を内在している可能性は否定できまい．もしそうであるならば，われわれの宇宙とはまったく異なる物理法則をもつ別の宇宙が存在し得る，さらには「実在」しているのではあるまいか．

6.4 自然界にあふれた不思議なこと

抽象的な議論ばかりが続いたので，もう少し具体的な話に戻そう．自然界にはさまざまな不思議が満ちあふれている．にもかかわらずあまりにも慣れっこになってしまい，その不思議さに気づいていない場合も多い．必ずしも統一がとれているわけではないが，以下いくつか例を挙げてみる．

(i) 無生物から生物が誕生した．

(ii) 原始的な生物が，意識さらには文明をもつ知的生命へと進化した．

(iii) 宇宙の年齢（138 億年），太陽系の年齢（46 億年），太陽の主系列星としての寿命（約 100 億年），地球上で生物が誕生してから現在までの時間（38 億年）は，いずれも互いに独立な時間スケールであるにもかかわらずほぼ同じ値である（たかだか 3 倍程度の違いでしかない）．

(iv) 現在観測できる宇宙の大きさ（138 億光年 $\sim 10^{28}$ cm）は，基本物理定数で決まる特徴的な長さスケール（プランク長 10^{-33} cm）に比べて 60 桁も大きい．

(v) 現在の宇宙の平均質量密度（$\sim \rho_{c0} \sim 10^{-29}$ g/cm^3）は基本物理定数で決まる特徴的密度スケール（プランク密度 $\sim 10^{93}$ g/cm^3）に比べて 120 桁も小さい．

(vi) 現在の宇宙におけるバリオン，ダークマター，ダークエネルギー（宇宙定数）の密度はいずれも 1 桁程度の範囲で一致している．

(vii) 宇宙の単位体積あたりの核子数は光子に比べて10億分の1（$\eta \sim 10^{-9}$）しかない.

(viii) 自然法則は数学によって驚くべき高い精度で記述される（単に数学が自然界をうまく近似できるにとどまらず，自然界は厳密な意味で数学にしたがっているように思える）.

(ix) 自然法則および物質世界はいずれも階層的構造をしている*4.

さて，これらの不思議な事実に納得できるような理由を見出すことはできないのだろうか．それとも，それを期待すること自体がそもそも間違っているのだろうか.

6.5 この宇宙を特徴づける定数

この宇宙がどのような性質をもっているのか．それはどうすれば定量的に特徴づけられるのか．本来は，物理法則の本質（どのような相互作用が存在するか，素粒子の階層はどうなっているのか，など）に立ち返って考えるべきだろうが，そこまで枠を拡げてしまうと収拾がつきそうにない．そこでここでは自然界の基本物理定数，およびそれらを組み合わせてできる無次元定数の値に注目して，この宇宙の（不自然な）特徴を考えてみる.

表6.1は，われわれの自然界を特徴づける基本物理定数の例だ．2章でくわしく説明したように，これらはこの世界に特徴的なスケールを刻み込んでいる．とくに，微視的な法則を記述する基本物理定数が巨視的な宇宙の階層のスケールをも支配している事実は，4章で強調した通りである.

これに対して表6.2は，微視的世界を支配する無次元量，および微視的世界と現在の宇宙のスケールの比較から導かれる無次元量の例を示す．次元をもつ量の場合，その値が大きいか小さいかは判断できず，あくまでそれらの相対的な比較だけが可能だ．たとえば，水素原子のサイズであるボーア半径

*4 物質の階層性はすでに説明したが，法則の階層性とはそれらが互いにある種の独立性をもっているように見えることを指す．たとえばわれわれの自然界では，ミクロな世界の振る舞いを完全に理解せずともマクロな世界は近似的に理解できる．だからこそ量子力学が発見されるはるか以前に誕生したニュートン力学だけから，この自然界の振る舞いの多くが解明できたわけだ.

表 6.1 自然界を特徴づける次元量.

名称	記号・値
プランク質量	$m_{\rm pl} = \sqrt{\hbar c/G} = 2.18 \times 10^{-5}$ g
プランク長さ	$\ell_{\rm pl} = \sqrt{\hbar G/c^3} = 1.62 \times 10^{-33}$ cm
プランク時間	$t_{\rm pl} = \sqrt{\hbar G/c^5} = 5.39 \times 10^{-44}$ s
プランク密度	$\rho_{\rm pl} = c^5/(\hbar G^2) = 5.16 \times 10^{93}$ g/cm^3
電子質量	$m_{\rm e} = 9.1093826(16) \times 10^{-28}$ g
陽子質量	$m_{\rm p} = 1.67262171(29) \times 10^{-24}$ g
中性子質量	$m_{\rm n} = 1.67492728(29) \times 10^{-24}$ g
ボーア半径	$r_{\rm B} = \hbar^2/m_{\rm e}e^2 = 0.5291772108(18) \times 10^{-8}$ cm
電子の換算コンプトン波長	$\lambda_{\rm e} = \hbar/m_{\rm e}c = \alpha_{\rm E} r_{\rm B}$ $= 3.861592678(26) \times 10^{-11}$ cm
古典電子半径	$r_{\rm e} = e^2/m_{\rm e}c^2 = \alpha_{\rm E}^2 r_{\rm B}$ $= 2.817940325(28) \times 10^{-13}$ cm
電子のシュワルツシルト半径	$r_{\rm s,e} = 2\,Gm_{\rm e}/c^2 \approx 1.4 \times 10^{-55}$ cm
陽子の換算コンプトン波長	$\lambda_{\rm p} = \hbar/m_{\rm p}c = 2.103089104(14) \times 10^{-14}$ cm
現在の宇宙のハッブル半径	$r_{\rm H} = c/H_0 \approx 9.3 \times 10^{27}\, h^{-1}$ cm $\approx 1.3 \times 10^{28}$ cm
現在の宇宙の臨界密度	$\rho_{\rm c0} \approx 1.9 \times 10^{-29}\, h^2g/cm^3 \approx 1.0 \times 10^{-29}$ g/cm^3

$r_{\rm B}$ は，人間の大きさと比べれば 10 桁小さいものの，プランク長さ $\ell_{\rm pl}$ に比べれば 25 桁大きい．このように，「水素原子はなぜ小さいか」という疑問は主観的なものにすぎず，「人間はその構成要素である原子に比べてなぜ 10 桁も大きいのか」，あるいは「原子はこの自然界の基本物理定数から決まるプランク長さよりもなぜ 25 桁も大きいのか」と問うべきである．

一般に，2 つのスケールの比あるいは無次元量の値が 1 程度の大きさならばあえて何か理由を問う必要はなく，当たり前だと解釈して安心できる．しかしながら，それらが 10^{-4} とか 10^5 などのように，1 からはるかにかけ離れた値になれば，やはりそれなりに納得できる理由がほしくなる．ましてや，表 6.2 には 10^{40}, 10^{60}, 10^{120} といった言語道断とすら評すべきとんでもない値がくり返し登場している．さて，これは単なる偶然でしかないのか，それとも，その背後に何らかの深い理由が潜んでいるのか．

過去の偉大な物理学者にもこの問題に取り組んだ人たちがいる．ヘルマン・ワイル（1885–1955）は，古典電子半径 $r_{\rm e}$，電子のシュワルツシルト半径 $r_{\rm s,e}$，宇宙のハッブル半径 $r_{\rm H}$ の間に，

表 **6.2** 自然界を特徴づける無次元量.

名称	記号・値
微細構造定数	$\alpha_{\rm E} = e^2/\hbar c = 7.30 \times 10^{-3}$
微細構造定数の逆数	$\alpha_{\rm E}^{-1} = \hbar c/e^2 = 137.04$
重力微細構造定数	$\alpha_{\rm G} = Gm_{\rm p}^2/\hbar c = (m_{\rm p}/m_{\rm pl})^2$ $= 5.91 \times 10^{-39}$
重力微細構造定数の逆数	$\alpha_{\rm G}^{-1} = \hbar c/Gm_{\rm p}^2 = (m_{\rm pl}/m_{\rm p})^2$ $= 1.69 \times 10^{38}$
ミュー粒子と電子の質量比	$m_\mu/m_{\rm e} = 206.77$
タウ粒子と電子の質量比	$m_\tau/m_{\rm e} = 3477.48$
陽子と電子の質量比	$m_{\rm p}/m_{\rm e} = 1836.15$
中性子と陽子の質量比	$m_{\rm n}/m_{\rm p} = 1.0014$
プランク質量と陽子質量の比	$m_{\rm pl}/m_{\rm p} = 1.30 \times 10^{19}$
アボガドロ数	$N_{\rm A} = 6.02 \times 10^{23}$
電磁気力と重力の強さの比	$\alpha_{\rm E}/\alpha_{\rm G} = e^2/Gm_{\rm p}^2 = 1.24 \times 10^{36}$
重力と電磁気力の強さの比	$\alpha_{\rm G}/\alpha_{\rm E} = Gm_{\rm p}^2/e^2 = 8.1 \times 10^{-37}$
ボーア半径とプランク長さの比	$r_{\rm B}/\ell_{\rm pl} = 3.3 \times 10^{24}$
電子のコンプトン長とプランク長さの比	$\lambda_{\rm e}/\ell_{\rm pl} = 2.4 \times 10^{22}$
古典電子半径とプランク長さの比	$r_{\rm e}/\ell_{\rm pl} = 1.7 \times 10^{20}$
バリオン光子比	$\eta = n_{\rm N}/n_\gamma = 6 \times 10^{-10}$
宇宙年齢とプランク時間の比	$t_0/t_{\rm pl} \approx 138$ 億年$/5 \times 10^{-44}$ 秒 $\approx 8 \times 10^{60}$
宇宙の温度とプランク温度の比	$T_{\rm CMB}/T_{\rm pl} \approx 2 \times 10^{-32}$
ハッブル半径とボーア半径の比	$r_{\rm H}/r_{\rm B} \approx 2.4 \times 10^{36}$
プランク密度と宇宙の臨界密度との比	$\rho_{\rm pl}/\rho_{\rm c0} \approx 5 \times 10^{122}$

$$\frac{r_{\rm e}}{r_{\rm s,e}} \approx \frac{r_{\rm H}}{r_{\rm e}} \approx 10^{40} \tag{6.1}$$

という関係があることを指摘した.

アーサー・エディントン（1882-1944）は，陽子と電子の間に働くクーロン力 $f_{\rm e}$ と重力 $f_{\rm g}$ の比が

$$\frac{f_{\rm e}}{f_{\rm g}} = \frac{e^2}{Gm_{\rm p}m_{\rm e}} = \frac{\alpha_{\rm E}}{\alpha_{\rm G}}\frac{m_{\rm p}}{m_{\rm e}} \approx 2.3 \times 10^{39} \tag{6.2}$$

となることを指摘した．さらに，宇宙に存在する全粒子数が

$$N_{\rm Edd} \equiv \frac{2^{2^8}}{\alpha_{\rm E}} = 136 \times 2^{256} \tag{6.3}$$

であると主張した（当時 α_{E} の逆数は 136 であるとされていた）[*5]．この組み合わせはエディントン数と呼ばれて，その値は約 1.6×10^{79} である．

5.7 節の表 5.2 の値を用いて現在の地平線半径 r_{H} 内の核子数を計算すれば，確かにエディントン数に近い値，

$$N_{\text{H,p}} = \frac{4\pi}{3}\Omega_{\text{b}}\rho_{\text{c0}}r_{\text{H}}^3 \times \frac{1}{m_{\text{p}}} \approx 1.5 \times 10^{78}h^{-1}\left(\frac{\Omega_{\text{b}}}{0.04}\right) \qquad (6.4)$$

となっている．

同じく，プランク密度 ρ_{pl} と宇宙の臨界密度 ρ_{c0} との比：

$$\frac{\rho_{\text{pl}}}{\rho_{\text{c0}}} \approx \frac{5.2 \times 10^{93}\ \text{g/cm}^3}{1.9 \times 10^{-29}\ h^2\,\text{g/cm}^3} \approx 5 \times 10^{122}\left(\frac{0.7}{h}\right)^2 \qquad (6.5)$$

もまた「桁違い」に大きな数値である．このように，ほかにもさまざまな組み合わせを考えることができるが，強調すべき重要な点は

(i) われわれの世界にはなぜか，10^{40} あるいはその 2 乗，3 乗といった，まさに桁はずれな数値をもつ意味ありげな「無次元量」が存在する．

(ii) それらは，自然界の法則（たとえば相互作用の強さ）に関係しているものと，微視的世界の次元量と巨視的宇宙を特徴づける次元量との比に対応するものの 2 種類がある．

の 2 つである．これらは，この宇宙を支配する物理法則（あるいはそれを

＊5　エディントンは著名な英国の天文学者で，わずか 30 歳で英国天文学でもっとも権威のあるケンブリッジ大学プルミアン教授職に就き，さらに 2 年後の 1914 年にはケンブリッジ天文台長となった．とくに，1919 年 5 月 29 日にアフリカの西海岸にあるプリンシペ島で日食観測を行い，一般相対論が予言する「光の経路が重力の影響を受けて曲がる」現象を証明した．この結果は，またたくまに世界中の新聞に掲載され，アインシュタインを世界でもっとも有名な物理学者とした．ただし，プリンシペで行われた観測にはいくつかの問題があり，エディントンは意図的に一般相対論を支持するデータだけを選んだのではないかとの疑問ももたれている．とはいえ数多くの優れた研究業績を挙げた学者であることは間違いない．ただし，晩年は α_{E} の値をほかの定数の値の組み合わせから厳密に導こうという試みに熱中した．あるとき，それに関する彼の講演を聞いた学生がすっかり仰天してしまい，心配のあまり自分の指導教官の部屋に行き，「物理学者は年をとるとみんなあのようにおかしくなってしまうのでしょうか」と尋ねた．しかしその指導教官は落ち着いた調子で，「大丈夫．エディントンのような天才だからこそああなるのであって，君のような普通の人間はただボケるだけだよ」と答えてすっかり安心させてくれたと言われている．

特徴づける基本物理定数の組）は不自然であるし，そもそもこの宇宙そのものが不自然であることを示唆しているように思える．

6.6 基本物理定数は定数か？：大数仮説

上述の (i) と (ii) などはとりたてて説明すべきものではなく，単に興味深い偶然にすぎないと考えるのが「大人」というものかもしれない．しかし，あえてこの不自然な無次元量に物理的な意味を見出そうと試みた一人に，量子力学構築に重要な貢献をした天才物理学者ポール・ディラック（1902–1984）がいる．彼は，宇宙年齢と古典電子半径を光が通過する時間の比：

$$N_1 \equiv \frac{t_0}{e^2/m_e c^3} \approx 4.6 \times 10^{40} \tag{6.6}$$

および，陽子と電子の間に働く電気力と重力の比：

$$N_2 \equiv \frac{e^2}{G m_p m_e} \approx 2.3 \times 10^{39} \tag{6.7}$$

を例として考えた．(6.6) 式と (6.7) 式は本来まったく無関係な量のはずだ．にもかかわらず，両者は「現在」($= t_0$) の宇宙ではほぼ数値が一致している ($N_1 \approx N_2$)．しかし，宇宙史において「現在」に特別な意味があるはずがない．とすれば，$N_1 \approx N_2$ という関係は，現在 (t_0) のみならず，任意の時刻 (t) の宇宙で成り立っていると考えるべきではないか．仮にそれを認めるならば (6.6) 式あるいは (6.7) 式に登場する基本物理定数の少なくとも 1 つが定数ではなく，時間に依存する必要がある．

このような考察を経てディラックは，重力定数 G が時間に依存しており

$$G(t) \sim \frac{1}{t} \frac{\hbar^2 \alpha_E^2}{m_p m_e^2 c} \propto t^{-1} \tag{6.8}$$

と変化するのではないかという，きわめて大胆な仮説を提案した．これはディラックの大数仮説（large number hypothesis）と呼ばれている*6．この仮説は「基本物理定数は本当に定数なのか？」という物理学の根底にかかわる

*6 Dirac, P. A. M., *Nature*, **139** (1937) 323.

きわめて本質的な問いかけである．

もちろんその真偽は観測事実によって科学的に検証されるべきだ．重力定数 G の時間変化に対しては連星パルサーの軌道要素の精密解析から

$$\frac{\dot{G}}{G} = (4 \pm 5) \times 10^{-12}\text{年}^{-1} \tag{6.9}$$

という制限が得られている[*7]．(6.8) 式が正しいとすれば，$\dot{G}/G \approx 1/t_0 \approx 10^{-10}\text{年}^{-1}$ となるはずなので，この結果とは相容れない．

一方で，遠方のクェーサーの吸収線の微細構造[*8]の観測から，α_E が現在の値に比べて

$$\frac{\Delta\alpha_E}{\alpha_E} = (-0.57 \pm 0.11) \times 10^{-5} \qquad (0.2 < z < 4.2) \tag{6.10}$$

だけ変化していると主張しているグループもある[*9]．これに対して実験室での直接測定からは，現在の α_E の時間変化に対して

$$\frac{\dot{\alpha}_E}{\alpha_E} = (-1.6 \pm 2.3) \times 10^{-17}\text{年}^{-1} \tag{6.11}$$

という制限が得られている．仮に $\dot{\alpha}_E$ が一定だとすれば，(6.11) 式の制限より，$z \sim 2$（すなわち今から 100 億年前）と現在との値の差は $|\Delta\alpha_E/\alpha_E| < 10^{-17} \times 10^{10} \sim 10^{-7}$ 程度でしかないはずだ．したがって，(6.10) 式の結果とは矛盾する．いうまでもなく，(6.10) 式の結果を否定する上限値を報告した異なる観測グループもあり，α_E が時間変化するという主張はほとんど受け入れられていない[*10]

さて，G（あるいは重力微細構造定数 α_G）は重力相互作用の強さを，α_E は電磁相互作用の強さを決めるパラメータである．素粒子の統一理論では，これらを含む 4 つの力は，本来 1 つの相互作用であったものが宇宙の

---

*7 Uzan, J. P., *Rev. Mod. Phys.*,**75** (2003) 403.

*8 一般に，天体の吸収線の波長は，その赤方偏移のために実験室の値に比べて $1+z$ だけ伸びている．この波長は，原子中の電子が，異なるエネルギー準位間を遷移する際に放出・吸収される光のエネルギーに対応している．この電子のエネルギー準位は，電子のスピンや相対論的効果を考えると，わずかに異なるエネルギーをもつ状態に分裂することが示される．これらのエネルギー差ともともとのエネルギーの比は，α_E^2 に比例する．このため α_E は微細構造定数と呼ばれている．

*9 Webb, J. K. *et al.*, *Phys. Rev. Lett.*, **87** (2001) 091301.

*10 Wilczynska, M.R., *et al.*, *Science Advances*, **6** (2020) eaay9672.

進化の過程で現在の4種類に分岐したのだと信じられている．とすれば，α_G や α_E が時間変化する可能性は，理論的にはむしろ自然なのかもしれない．(6.8) 式や (6.10) 式の真偽はともかく，「基本物理定数は本当に定数か?」との問いは，理論的にも実験・観測的にも追究し続ける価値が高い．

6.7 自然界の絶妙なバランス

6.4節で強調したのは，どちらかと言えば定性的・抽象的な意味での自然界の不思議さである．ここではさらに具体的な例を挙げて，この自然界の不思議さを紹介してみたい．奇跡としか思えないほど絶妙なこれらのバランスのうえに成り立っているわれわれ人間の存在とは，偶然の産物にほかならないと納得してしまうのではないだろうか．

6.7.1 大気の窓

人間が感知できる光の波長帯（可視域）は，太陽の輻射がもっとも強くなる波長領域と一致している．しかし，その波長帯の光が人間の目に届くためには，その光が減衰することなく地球大気を通過する必要がある．地球大気の主成分は，窒素，酸素，水，アルゴン，オゾンで，これらの原子・分子の主なエネルギー準位は，紫外線，（遠）赤外線，サブミリ波に対応する．したがってそれらの波長の光は，大気による強い吸収を受けることが避けられない．また波長 50 m 以上の電波は大気の電離層で反射されて地上には到達できない．X線とガンマ線は，大気中の原子と光電効果・コンプトン散乱・対生成・制動放射と呼ばれる反応を起こすため，大気に対しては不透明である．このため図6.1に示されているように，地上で直接観測できる光（電磁波）の波長は，可視域と一部の電波領域に限られており，「大気の窓」と呼ばれている．

さて可視域の波長帯は太陽の輻射スペクトル，言い換えれば，太陽の表面温度で決まる．一方，上述の物理過程を通じて大気の窓となる波長帯を決めているのは，基本物理定数である．われわれが太陽を中心星とする地球上で誕生したのが偶然だとすれば，この2つの波長帯が一致すべき必然性はない．つまり，地球大気が可視域の光に対して透明なのは，さらなる偶然なの

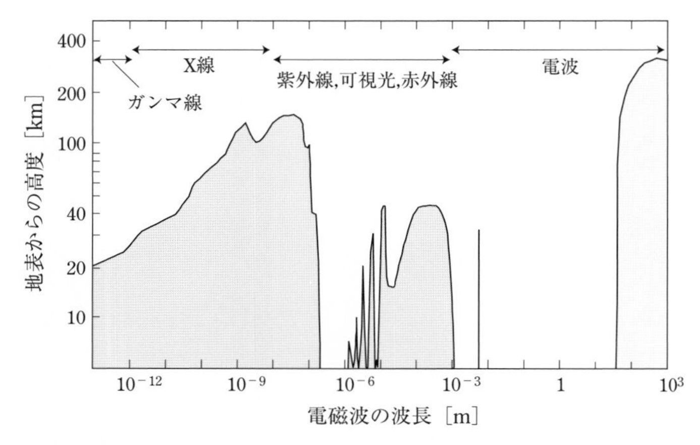

図 6.1 電磁波に対する大気の透過率．宇宙から降り注ぐ光（電磁波）の強度が半分に減衰する高度を，波長の関数として示している．灰色の領域の高度以下には電磁波はほとんど到達できないので，地上から観測することは困難である．岡村定矩（編）『天文学への招待』（朝倉書店，2001）より改変．

だ．しかし，仮にそうでなければ人間の生活はきわめて不便となり，目と感覚器官はまったく違った進化を遂げていただろう．のみならず大気が紫外線を遮断してくれているおかげで，生体タンパク質は致命的な損傷を受けずにすんでいるという事実も重要だ．このように，基本物理定数の値は，太陽の輻射をエネルギー源としている人間にとって「奇跡的に」都合のよい環境を提供してくれているのだ．

6.7.2 水の性質と地球の海

大量の水（海）の存在は生命誕生において不可欠であると考えられている．通常の物質とは異なり，水分子（H_2O）は固体（氷）のほうが液体よりも低密度だというまれな性質を示す．地球は過去にくり返し寒冷期を経験しているが，その際には湖や海の底のほうにある水は液体のままで，それらの表面だけが凍る．地球の内部活動によって生ずる大量の二酸化炭素はやがて大気に放出されるが，通常は陸や海に吸収され堆積物として沈殿して再び海底（地下）に戻る．しかし，海の表面が氷に覆われてしまうとこの炭素循環が止まり，大気中の二酸化炭素濃度が上昇する．二酸化炭素は温室効果を引き起こすので，徐々に気温が上昇し海の表面の氷が溶けることで，この炭素循環が再開する.

しかし，仮に水分子が通常の物質と同じく氷のほうが高密度であれば，海の表面で生成した氷はただちに海底に沈んでしまう．したがって，この過程はやがて海全体が凍るまで続く．その後，温室効果によって大気温が上昇したとしてもそれは海の表面付近の氷を溶かすだけで，海の大半は凍ったままであろう．とすれば，この地球で生命を誕生させ，それを循環させるという液体の水がもつ重要な役割が機能しなくなる．過去には地球全体が凍った全球凍結，あるいはスノーボールアースと呼ばれる状態が出現したと考えられているが，水分子が通常の物質と同じ性質をもっていたならば，全球凍結から抜け出すことはきわめて困難であったはずだ.

水分子は，ビッグバン元素合成の際にヘリウムになりそこねた大量の水素と，星内部の元素合成で生成される主要元素である酸素とからなる（図 2.3 および表 2.3）．このように，宇宙で普遍的に合成される元素からなる水分子が偶然，物理化学的に奇妙な性質をもっていたおかげで，地球上で生命が誕生したものと解釈できる.

さらに海の平均的深さは，地球の半径の 0.1% 程度でしかない．仮に，この量が 2 倍程度だったとすれば，地球のすべての大陸は海に埋没してしまう．とすれば，海で誕生した生物は陸上進出できず，さらなる進化を経て人類という知的生命体を生み出すことはなかったであろう．このように，偶然としか思えない絶妙な水の量もまた，人間が誕生するうえで本質的な因子であったと考えられる.

6.7.3 炭素の起源とトリプルアルファ反応

地球上のすべての生物は，炭素を主成分とする有機化合物からなる．有機化合物は無機化合物の約 50 倍以上もの異なる種類があるが，それは炭素原子の 4 方向の結合手のおかげで多様な立体構造をもつ分子が構築できるためだ．星内部の元素合成の結果，炭素以外で多く合成される窒素および酸素（図 2.3）はそれぞれ結合手が 3 本と 2 本なので，それらから合成される分子の多様性は限られる．さらに炭素化合物は大きな結合エネルギーをもち安定な構造を保つことができる．このように，複雑な生物組織に必要な膨大な種類の化合物を生み出すために，炭素はきわめて好都合である．仮に星の内部で大量の炭素が合成されなければ，生命の誕生と進化ははるかに困難だったかもしれない．

ビッグバン元素合成が起こる誕生 3 分後の宇宙では，核子（陽子と中性子）の個数密度がおよそ 10^{21}cm^{-3}，温度が 10 億度であるのに対して，太陽の中心部の個数密度と温度はそれぞれ 10^{26}cm^{-3}，1500 万度である．このように，星の内部は，元素合成時の宇宙よりもずっと高密度なので，重元素合成には好都合である．とはいえ，5.2 節で説明したように，自然界には質量数 5 および 8 の安定元素が存在しないため，水素とヘリウムの 2 体反応の積み重ねによって炭素（質量数 12）を合成することが困難であることに変わりはない．

ガモフの天敵であると同時にビッグバンの名付け親でもあったホイルは，生命が大量の炭素を必要とする以上，その合成を可能とする反応があるはずだと確信し，当時知られていなかった以下の経路（後述するトリプルアルファ反応）を提案した．

$$^{4}\text{He} + {}^{4}\text{He} \to {}^{8}\text{Be} \quad (-91.78\,\text{keV})\ \text{吸熱反応}, \tag{6.12}$$

$$^{8}\text{Be} + {}^{4}\text{He} \to {}^{12}\text{C}^{*} \quad (-0.29\,\text{MeV})\ \text{吸熱反応}, \tag{6.13}$$

$$^{12}\text{C}^{*} \to {}^{12}\text{C} + \gamma \quad (+7.65\,\text{MeV})\ \text{発熱反応}. \tag{6.14}$$

まず（6.12）式を例として，この反応式の意味を説明しておこう．左辺は，質量数 4（陽子 2 個，中性子 2 個）のヘリウムの原子核（^{4}He）同士の衝突を示す（以下では，元素名は電子を含む中性原子ではなく，その元素の原子核の意味で用いる）．相対速度が小さいヘリウム同士を衝突させても，それらが核融合を起こして別の原子核に変わる反応は起こらないが，高速度で衝突させればそれらが合体してより大きな原子核になることがある．図 6.2 に示されているように，基底状態（今の場合静止している状態と考えてよい）にある 2 つの ^{4}He のエネルギーの総和は，質量数 8（陽子 4 個，中性子 4 個）のベリリウム（^{8}Be）の基底状態のエネルギーにきわめて近い．そのため，0.09 MeV 以上の運動エネルギーをもつ ^{4}He が衝突すれば，ある割合で（6.12）式の右辺の ^{8}Be が合成される．しかしながら，こ

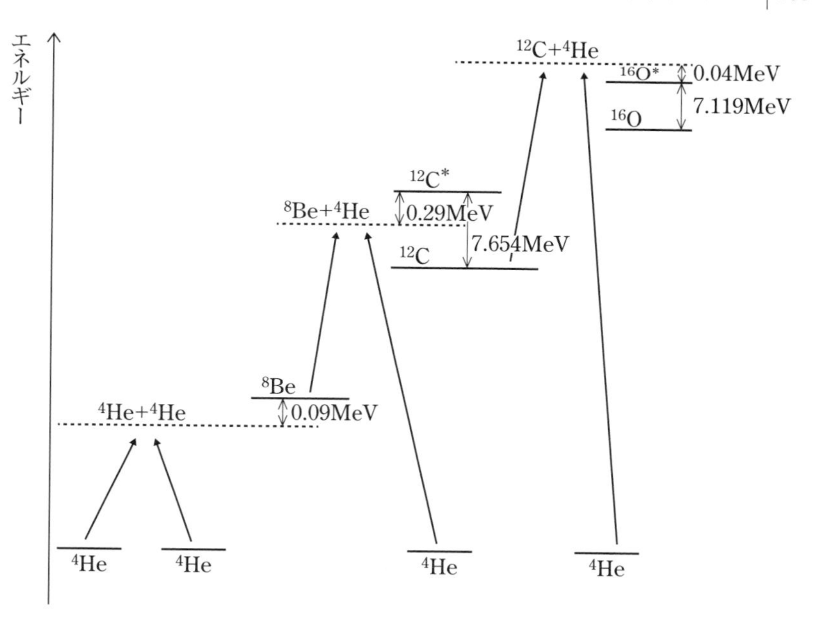

図 6.2 トリプルアルファ反応に関連するエネルギーレベルの比較.

の ^{8}Be は不安定*11で，わずか 10^{-16} 秒程度の半減期で ^{4}He 2 つに崩壊してしまうため，その前に 3 つめの ^{4}He が ^{8}Be と衝突しなくては炭素合成反応が進まない.

さて，上記は原子核の衝突実験を想定した説明になっているが，星の内部で実際に起こっている現象とは少し印象が異なるかもしれない．たとえば太陽のような恒星の中心部で水素の核融合が終わり，ヘリウムが主成分となったとする．その場合の星の中心温度は約 1 億度（エネルギーに換算すると 0.1MeV），すなわち（6.12）式で ^{8}Be を合成するために必要な温度となっている．この場合，高エネルギーで飛び回っている ^{4}He 同士が衝突して ^{8}Be を合成する一方で，^{8}Be は崩壊して ^{4}He となる．その結果星の内部において，（6.12）式の反応は一方的に進むのではなく，その右辺と左辺がほぼつりあった平衡状態が実現する．言い換えれば，そこにはごく微量ではあるものの，つねにある割合の ^{8}Be が存在しているのだ．そのため，星の

*11　安定なベリリウムは質量数 9（陽子 4 個，中性子 5 個）の ^{9}Be である.

内部ではヘリウムは衝突しているというよりも，時間をかけてじわじわと燃焼しているようなイメージがふさわしい*12．したがって，十分時間をかけさえすればそのわずかな ^{8}Be に ^{4}He が衝突することは起こり得る．

ところが ^{4}He - ^{8}Be 系のエネルギーは，炭素 ^{12}C の基底状態のエネルギーよりもはるかに大きいため（図 6.2），このままでは運良く ^{4}He と ^{8}Be が衝突したとしても，それらが ^{12}C になる確率はきわめて低い．そこでホイルは「人間が誕生するために必須の炭素が合成されている以上，それを可能とする未知の反応経路があるにちがいない」と考えて，^{4}He - ^{8}Be 系のエネルギーのすぐ上に炭素の準安定状態 ^{12}C* があるはずだと予想した．その場合，（6.13）式のように，衝突した ^{4}He と ^{8}Be はいったん ^{12}C* となる．その後（6.14）式のように，エネルギー（光）を放出して安定な基底状態の ^{12}C となる．このように当時知られていなかった ^{12}C* の存在を仮定すれば，原子核反応のエネルギー的な共鳴を通じて炭素の合成が可能となる．

実際，ホイルの助言のもとに行われた原子核実験によって，まさに彼が予言した通りのエネルギーをもつ炭素の共鳴状態 ^{12}C* の存在が確認され*13，（6.13）式と（6.14）式という反応経路が認められた．この反応は，実質的には 3 つのヘリウム（α 粒子）が同時に衝突して炭素を合成する過程とみなしてよい．そのためトリプルアルファ反応と呼ばれ，星の内部での炭素合成反応として確立している．

さらに，こうして生まれた炭素とヘリウムは

$$^{12}\mathrm{C} + {}^{4}\mathrm{He} \to {}^{16}\mathrm{O} + \gamma \quad (+7.16\,\mathrm{MeV}) \tag{6.15}$$

という反応によって，炭素とほぼ同程度の酸素を合成する．ちなみに，^{6}Li, ^{9}Be, ^{10}B, ^{11}B は，恒星内部で合成され宇宙空間にまき散らされた C, N, O と，宇宙線（陽子とヘリウムが主成分）との衝突による破砕反応：

*12　実際に天文学では，太陽の内部の水素からヘリウムへの核融合反応を水素燃焼と呼ぶ．さらにその水素燃焼が終わった後に起こる赤色巨星段階でのヘリウムから重元素への核融合反応をヘリウム燃焼と呼ぶ．

*13　この業績に対して，ホイルの共同研究者であったウィリアム・ファウラー（1911–1995）は 1983 年のノーベル物理学賞を受賞した．

$$^{4}\mathrm{He} + {}^{4}\mathrm{He} \to {}^{6}\mathrm{Li} + \mathrm{p} + \mathrm{n}, \tag{6.16}$$

$$\mathrm{p} + {}^{12}\mathrm{C} \to {}^{11}\mathrm{B} + 2\mathrm{p}, \tag{6.17}$$

$$\mathrm{p} + {}^{14}\mathrm{N} \to {}^{9}\mathrm{Be} + {}^{4}\mathrm{He} + 2\mathrm{p}, \tag{6.18}$$

$$^{4}\mathrm{He} + {}^{12}\mathrm{C} \to {}^{7}\mathrm{Li} + 2{}^{4}\mathrm{He} + \mathrm{p}, \tag{6.19}$$

$$^{14}\mathrm{N} + \mathrm{p} \to {}^{10}\mathrm{B} + 3\mathrm{p} + 2\mathrm{n} \tag{6.20}$$

によって形成されるものと考えられている．

説明が長くなったが，物理法則で決まる原子核のエネルギー準位の値が絶妙なバランスを保っているおかげで生命にとって必須の炭素と酸素が星の内部で大量に合成できるというのが結論である．これもまた単なる偶然である．しかしその偶然がなければ，地球上で生命が誕生することはなかっただろう．この宇宙を支配する物理法則は，あたかも生命を誕生させる上で好都合な条件を満たすように微調整されているかのようである．

6.7.4 宇宙定数問題

5.8 節で，現在の宇宙の加速膨張を説明するもっとも有力な仮説が宇宙定数であると述べた．一般相対論は時間変化する宇宙を予言し，無限の過去から無限の未来まで変わることのない静的宇宙は許されない．これに悩んだアインシュタインは，静的宇宙が許されるように，一般相対論の基礎方程式を修正し余分な項を 1 つ付け加えた．この項に対応するのが宇宙定数で，通常 Λ と書かれるため，ラムダ項とも呼ばれる．この定数の値をうまく選ぶと，時間変化しない静的宇宙を実現できるものの，その解は安定ではなく，ちょっとしたきっかけですぐさま時間変化する解に移行してしまう．しかし，1929 年にハッブルが宇宙膨張を発見したことを知ったアインシュタインは，1931 年にこの宇宙定数の提案を自ら撤回した．

ところが約 60 年経過した 1990 年前後から，0 ではないごく小さな値をもつ宇宙定数が存在する可能性が観測的に浮上してきた．表 5.2 によれば，現在の観測をもっともうまく説明する宇宙定数は，宇宙の臨界密度の約 7 割に対応する．宇宙定数の正体は不明であるものの，理論的にもっとも自然な値はプランク密度のはずだ．にもかかわらず，観測的推定値はそれよりもなんと120桁も小さいのである．この不自然さをさして，物理学史上最悪の理論と観測との不一致と呼ぶ人すらいるほどだ．

アインシュタインが撤回したように，そもそも宇宙定数が存在しない（つまり，$\Lambda = 0$）ならば，悩む必要がない．しかし，プランク密度より120桁も小さい値をもつように微調整された「自然な」理論を思いつくのは困難である．また，宇宙定数の値を少し変えただけで，宇宙の歴史はけっして無視できないほど大きな影響を受けてしまうことも知られている．たとえば，宇宙定数が現在の観測値のわずか数倍大きいだけで，あまりに急激な加速膨張が起こる結果，現在までに重力で天体を誕生させることができないほど低密度の宇宙になってしまう．そのような宇宙では生命を誕生させ得る惑星系は形成できない．このように，不自然なほど小さな宇宙定数の値もまた，人間が誕生する条件に深く関わっているのだ．

6.7.5 力の強さと自然界の安定性

表2.5に示したように，自然界には4つの相互作用（力）が存在している．それらの力の強さは不自然なほど異なっている．にもかかわらず，それらは同時に絶妙なバランスを保っており，結果的に，互いにこの自然界に存在する微視的・巨視的階層の安定性を保っている．

強い力は原子核内の核子同士を結合させる役割をする．核子には陽子と中性子の2種類があるが，電荷をもつ陽子間には電磁気力によるクーロン斥力も働く．安定なヘリウムが中性子2個と陽子2個から構成されるのは，この斥力と引力である核力とのバランスの結果である．仮に，強い力だけが表2.5に示した値より強くなると，陽子2個だけからなる安定なヘリウムが存在し得る．とすれば，宇宙初期のビッグバン元素合成の時点で，ほぼすべての水素がこの安定なヘリウムになってしまい，水素がない宇宙となってしまう．これとは逆に，強い力だけが弱くなると，核力がクーロン斥力に打ち勝つことができなくなり，ヘリウムが合成されない．その結果，ヘリウムから合成される炭素や酸素も存在せず，水素だけの宇宙になってしまう．いずれの場合も，酸素と水素からなる水分子は存在しないし，炭素と水素からなる有機化合物も存在しない．つまり，そのような宇宙では生命は誕生できないと思われる．

次に，弱い力だけがもう少し強い場合を考えてみよう．この場合，弱い力が媒介する中性子から陽子へのベータ崩壊が起こりやすくなるので，宇宙初期の中性子はほとんど陽子になってしまう．強い力の強さは同じままだとすれば，中性子なしにクーロン斥力が働く陽子だけで安定な原子核をつくることが困難となる．これは電磁気力だけが強くなった場合でも同様で，原子核内の陽子同士のクーロン斥力が強くなる結果，やはり原子核の安定性が損なわれる．いずれにしても，安定な重元素は存在できなくなる．一方，電磁気力が弱くなると，化学結合力が弱くなり，高分子の安定性が失われてしまう．

重力がより強い場合には，星の内部が圧縮され高密度になるため，核融合が促進される．その結果，星の寿命が短くなる．惑星系で生命が誕生し原始的生命から知的生命へと進化するには長い時間が必要だが，それ以前に中心星が燃え尽きてエネルギーを供給できなくなってしまう．つまり，生命が存在しない，あるいは存在したとしても人間にまで進化することのない宇宙となるだろう．

このように，この宇宙の基本物理定数の値のどれかを少し変更しただけで，たちまち世界の安定性が崩れてしまい，人間が存在する可能性はきわめて低くなる．逆に言えば，人間が存在できるような基本物理定数の値の組み合わせは限られているのだ．4つの相互作用の強さが極端にかけ離れているという不自然さこそが，逆に人間の存在を保証しているようだ．この不自然さを解消する何らかの合理的な説明がない限り，それは単なる偶然であると解釈するしかないが，やはり不満は残るだろう．果たして，その不自然さを少しでも解消してくれる考え方はないものだろうか．

6.8 条件つき確率と人間原理

6.7節で紹介した例は，基本物理定数が絶妙に微調整されたかのような特定の値となっているおかげで，自然界の安定性と同時に人間の存在が保証される事実を強く示唆する．この基本物理定数間のバランスが少しでも崩れてしまうと，宇宙はまったく異なる性質をもち，少なくともわれわれが想像するような人間を生み出すことは困難のようだ．さて，ここまでは賛同してもらえたとしても，それをどう解釈するかには意見が分かれるにちがいない．

1つは，これはあくまで偶然でしかなく，科学的な説明を求めるのは無意味だとする考え方．もう1つは，現時点では解明されていないにせよ自然界を記述する「究極の理論」が存在し，一見不自然に思われる基本物理定数の値の組み合わせに至るまでも説明し尽くされるはずだとする考え方である．そして，以下で紹介する人間原理（the anthropic principle）とは，相反する上述の2つの考え方のいわば折衷案に対応し，この宇宙の不自然さをそれなりに合理的に説明してくれる．

人間原理の本質は，条件つき確率という考え方にあるので，まずそれを簡単に説明しておこう．ある事象 A が起こる確率を $P(A)$，事象 A と別の事象 B とが同時に起こる確率を $P(A \cap B)$ とする．この場合，事象 A が起こるという条件のもとで事象 B が起こる「条件つき確率」$P(B|A)$ は

$$P(B|A) = \frac{P(A \cap B)}{P(A)} \tag{6.21}$$

で与えられる．実は，人間原理の本質の理解に必要な算数はこの（6.21）式に尽きている．

6.4 節や 6.7 節で紹介した「不自然な事象」のどれか1つを選んで B とし，「人間が存在する」という事象を A としよう．仮に，基本物理定数の値がまったく任意の組み合わせをとるとすれば，そのなかでたまたま特別な組み合わせが選ばれる可能性は途方もなく低い．一方で，基本物理定数が任意の値の組み合わせからなる宇宙においては，微視的な原子分子から巨視的な天体に至るまで，それらが安定に存在することはほとんど起こりそうにない．結果的にそのような宇宙では，生命が誕生し人間にまで進化する確率は途方もなく小さいだろう．すなわち，

$$P(B) = P(\text{「不思議なこと」}) \ll 1, \tag{6.22}$$

$$P(A) = P(\text{「人間が存在する」}) \ll 1 \tag{6.23}$$

ということになる．

ところで，不思議あるいは不自然だと判断するのは人間であるから，人間が存在しない宇宙では，そもそも $P(B)$ という概念そのものの意味が不明となる．つまり，「人間が不自然だ」と考える事象の確率とは，人間の存在

を前提として定義されるべきなのであり，本来は「この宇宙に人間が存在するという条件のもとで不自然な事象が起こる」確率

$$P(B|A) = P(\text{「不自然なこと」}|\text{「人間が存在する」}) \qquad (6.24)$$

と解釈すべきだろう．とすれば，この「不自然なこと」と「人間が存在する」という 2 つの事象が独立なのか，あるいは強い相関をもっているかによって，$P(B|A)$ の値は大きく変わってしまう．

たとえば，仮に「不自然なこと」と「人間が存在する」が互いに無関係な独立事象だとすれば，その 2 つが同時に起こる確率は単純にそれらの積で与えられ，(6.21) 式は

$$P(B|A) = \frac{P(A \cap B)}{P(A)} = \frac{P(A)P(B)}{P(A)} = P(B) \ll 1 \qquad (6.25)$$

となる．つまり，人間が存在しようがしまいが，不自然なこと (B) はやっぱりめったに起きない．

これに対して，その不自然なこと (B) が，人間が存在する (A) ための必要十分条件となっていれば

$$P(A \cap B) = P(A) = P(B) \Rightarrow P(B|A) = \frac{P(A \cap B)}{P(A)} = 1 \qquad (6.26)$$

となる．(6.25) 式と (6.26) 式はいずれも極端な場合であるが，不自然なこと (B) が人間が存在する (A) ための十分条件であれば $P(B|A) \gg P(B)$ となる可能性がある．つまり，本来は可能性が著しく低い事象であろうと，「人間が存在するような不自然な宇宙に限定すれば」，むしろ起こる可能性のほうが高くなってしまうかもしれない．

この一般論ではまだピンとこないかもしれないので，次のたとえ話で説明してみたい．砂丘に人の足跡のようなパターンが続いているのを見つけたとする（事象 B）．風の影響などで偶然にも人間の足跡に酷似したパターンが形成される確率はけっして 0 ではないものの，途方もなく小さい（$P(B) \ll 1$）．しかし，その砂丘をついさきほど歩いた人がいた（事象 A）とすれば，そこに足跡が残っていることは不思議でも何でもない，というかむしろ足跡がないほうが不思議だ（$P(B|A) \sim 1$）．これが，事象 A と B に強い相関がある簡単な例である．たとえ，実際に人がいた証拠がないとしても，砂丘に

足跡らしきパターンを見つけたときに不思議だと悩む人などいないだろう．仮にそこを歩く人が滅多にいない（$P(A) \ll 1$）としても，その足跡は人が通ったためにちがいない（$P(B|A) \sim 1$）と推測して，当たり前だと納得する．これが通常のわれわれの判断である．人間原理とはそのような合理的な判断を，われわれの住む宇宙そのものに適用することでその不自然さを解消する考え方なのである．

ここまで極端な話をもち出さずとも，具体的な例は他にいくらでも思いつく．ひよわな人間が地球上で生き延びるためには，安定した気候（温度）が必要である．ニュートン力学によれば地球の公転軌道は一般には楕円であるが，一年を通じて安定な気候を保つにはきわめて円に近い軌道しか許されない．つまり，「たまたま」円軌道であった地球だからこそ人間が存在し得るのだが，逆にそれは「なぜこの地球の軌道がほとんど円軌道なのか」という偶然を，物理学ではなく人間原理から説明してしまうことになる．

地球の大気の密度は，宇宙の平均密度に比べて約 25 桁も高い．つまり地球は宇宙のなかではまれにみる高密度であるからこそ人間が存在し得るのだ．人間の存在を保証できる「環境」は平均的ではなく，例外的に不自然な条件に限られてしまう．このように「人間が存在する」という条件は，より一般に考えられる無数の可能性のほとんどを排除してしまう，いわば選択効果として働く．この「環境」を，われわれの宇宙において特別な条件を満たす限られた場所ではなく，異なる無数の宇宙において特別な条件を満たす限られた宇宙という意味にまで拡張するのが人間原理である．

6.9 地球の存在の人間原理的解釈

不思議さを単なる偶然として片付けるのではなく，その偶然に意味を見いだす例として，さらに次の疑問を考えてみよう．

例題

太陽の周りで水が液体として存在できるハビタブルゾーンは，(0.7-1.4) au というきわめて狭い領域に限られるが，地球はまさにその範囲内にある．これは単なる偶然にすぎないのか，それとも何か重要な意味をもつのか．

回答 1

無意味な質問である　地球と太陽の距離は，地球が誕生した際の初期条件で決まったものであり，それがハビタブルゾーン内にあるのは偶然以外の何物でもない．偶然に理由を求めようとするのは時間の無駄である．それくらいならば，神様が微調整して地球をそこにおいてくださったという奇跡を信じ，悩みを忘れて過ごすべきだ．

回答 2

確かにそれ自体は偶然であるものの，同時に重要な事実を示唆する．仮に，地球が他の太陽系内惑星のようにハビタブルゾーンからかけ離れた場所にあったとしよう．確率的にはそのほうがずっと自然である．ただしその場合，「なぜこんな偶然がよりによってこの地球に起きているのか」と疑問に思う「人間」もまた存在しない．つまり偶然としか思えないような事象が実際に起こったことを確認するためにはわれわれ人間が必要だ．そしてこのように確率のきわめて低い事象が 1 回（以上）起こるためには，その確率の低さを補うだけの多くの試行が必要だ．したがって，この地球がハビタブルゾーン内に位置する事実を偶然であると認めるならば，この宇宙には（ハビタブルゾーン内に惑星をもたない）無数の惑星系が存在するはずである．

論理だけではどちらの回答が優れているか判断できない．しかし，1 個だけしか知られていない不自然な事象（生命を宿す太陽系の存在）から，より自然な事象（生命を宿さないような惑星系の存在）がはるかに多く存在するはずだとする回答 2 の結論は，今や観測的に確立している系外惑星系の普遍性とみごとに一致する*14．ある意味では，これは人間原理的説明の成功例だと解釈することもできよう．

6.10 人間原理からみた偶然と必然

6.9 節の回答 2 は，無数の系外惑星系の存在を認めることで地球の不思議さを自然に説明する．その考え方をさらに一般化すれば，人間原理がいかにして偶然を必然に帰着させてくれるのかがわかるだろう．

偶然と必然

確率 P が 1 に比べて著しく小さいはずの事象が，ある系で起こったとする．仮に，その系が宇宙でたった 1 つしかないとすれば，これは偶然（あるいは奇跡）だと考えるしかない．しかし，実は宇宙にはその系と同じ性質をもつ系が N 個あるとすれば，その事象が起こる期待値は NP 個．したがって，$N \gg P^{-1}$ であれば，その N 個の系のなかに「偶然」その事象が起こる系が複数存在することは，奇跡どころか統計的には必然である．

つまり，事象が実現した系以外に無数の同様の系が存在するならば，「特定の系における偶然」を「数多くの系のうちのどれかで起こる必然」として「自然に」説明できることになる．この論理には「人間」は顕には登場せず，その特定の系のなかで「観測」する主体として間接的に関わっているだけだ．けっして「人間のために」といった怪しげな価値観は込められていない．つまり，人間原理は「よりにもよってわれわれが存在しているこの宇宙に奇跡的な偶然が起こったのではない．その偶然が起こった系だからこそ人間が存在し，それが奇跡的な偶然であることを認識できるのだ」と考える．

文字通り 1 つしかない系に対して，ある事象の確率を定義することは困難である．確率という概念をもち出した時点で，少なくとも仮想的には無数の系を想定しているはずだ．通常，奇跡や不自然というのは，滅多に起こら

*14 系外惑星が発見された 1995 年以前にこのような推論を発表した人がいるかどうかは知らないが，仮にいたとしても不思議ではない．ただし，その主張が受け入れられたかどうかは別問題である．

ない事象を意味しており，1回しか起こらないような事象に対してそのような表現を用いてもあまり意味がない．とすれば，この奇跡の地球，あるいは不自然な宇宙という表現をする場合，暗黙のうちに地球と宇宙はわれわれ人間が住む「この地球」，「この宇宙」以外にも数多く存在していることを認めることになる．これを前提として*15，次の応用問題を考えてほしい．

応用問題

この宇宙を支配している物理法則は不自然である．とくに，基本物理定数は，ほとんどあり得ないような不自然な値の組み合わせとなっている．そのおかげで，この自然界の安定性が保証され，（知的）生命の存在をも可能としているように思える．これは説明されるべきことなのか，あるいは単なる偶然でしかないのか．

私の想定する人間原理的回答は以下の通りだ．

模範解答例

物理法則を特徴づける物理定数の値がある特定の範囲に限られる理由はない．とすれば，完全にランダムに選ばれたそれらの値の組み合わせが，（知的）生命の存在を可能とするような範囲におさまる確率はきわめて低い．にもかかわらずわれわれの宇宙はまさにそれを満たす不自然な例となっている．これは，この宇宙以外に無数の異なる（知的生命が誕生できない自然な）宇宙が存在することを強く示唆する．

これが（唯一の）正解だと主張するつもりはない．しかし，無数の独立な宇宙の存在を認めれば，人間原理によって「われわれの宇宙」がもつ不自然さは解消する．系外惑星系は観測技術の進歩によって検出可能となったおかげで，回答2の（論理はともかく）結論の正しさは証明された．一方，われわれの観測できる地平線の先にあるはずの「他の宇宙」は原理的にすら観測不可能だ．したがって，この「模範解答」が正しいかどうかも科学的には検証できない．この意味において，人間原理の立場から独立な宇宙の存在を受け入れるかどうかは，それ以外にこの宇宙の不自然さを説明する可能

*15　実はこれは自明ではなく，確率とは何か，という解釈に依存してしまうのであるが，ここでは深入りしない．

性はないのか，もしあるならばその理論と比較してどちらが説得力をもつのか，さらにそもそもこの宇宙の不自然さは単なる偶然として受け入れるべきではないのか，など異なる「価値観」を比較した上で判断すべきである．

6.11 マルチバース

6.8 節で説明した人間原理的考えにしたがって，「われわれの自然界がなぜこのような不自然な性質をもっているのか」を納得させてくれる「回答」（≠ 解答）を得るためには

(i) 自然界の不思議なことはいずれも人間の存在と強く相関している

のみならず

(ii) われわれの宇宙は唯一無二ではなく，考えられるあらゆる可能性に対応した無数の異なる宇宙が存在する

を前提として認める必要がある．

6.7 節で紹介したように，人間の存在可能性は，自然法則そして基本物理定数の値にきわめて敏感である．そのために要求される定数間のバランスが絶妙であればあるほど，(ii) のなかでそれを満たさない異なる宇宙では人間が存在する可能性が低くなる．つまり (i) の意味での相関が強ければ強いほど，われわれが住む宇宙としては不自然なものが選ばれることになる．

人間原理はけっして (ii) を証明するものではないが，それを前提としない限り成立しない．宇宙が唯一のものであるならば，そもそも確率という概念自体に意味がなくなるからだ．宇宙をさす英単語は “universe”（ユニバース）だが，「uni」と「verse」はラテン語でそれぞれ「1 つ」と「向きを変える」の意味をもち，合わせて 1 つにまとまった存在を意味する．そこで，われわれの宇宙以外に無数の宇宙の集合をさすために uni を multi に置き換えた “multiverse”（マルチバース）という単語が広く用いられている．

マルチバースの存在は検証不可能である．いわば，けっして外が見えない密室に閉じ込められている人が，この部屋の外に別の部屋があるかどうかを問うようなものだ．この意味では 5.9 節で述べた falsifiability を満たさず，通常の科学的仮説ではない．しかし，天動説から地動説へ，天の川銀河の外にある銀河そして太陽系の外にある惑星系の発見，などに代表される天文学

の歴史は，われわれの属する地球・太陽系・銀河系はこの宇宙において無数に存在する種族の 1 例にすぎないという事実確認のくり返しであった．とすれば，われわれの宇宙自体もまた唯一ではなく，無数にある宇宙の 1 例にすぎないというマルチバース的世界観こそが，むしろ謙虚で自然なのではなかろうか．

マサチューセッツ工科大学のマックス・テグマークは，表 6.3 にまとめたマルチバースの 4 分類を提案している*16．それらを順次説明してみたい．

表 6.3 マックス・テグマークが提唱するマルチバースの 4 分類．

レベル	説明
1	現在観測可能ではない地平線の外側にも，同様のユニバースが無限に存在．その後徐々に観測可能な領域に入ってくる同じ時空上に存在し，同じ法則をもつ無数の有限ユニバースの集合．空間が無限であれば，まったく同じ性質のクローンユニバースがこのマルチバース内のどこかに（しかも無限個）実在．
2	複数のレベル 1 マルチバースが，原理的にも因果関係をもたないまま，階層的に存在．異なるマルチバースでは，物理法則が異なるほうが自然．
3	量子力学の多世界解釈に対応する無数の時空の集合．異なるレベル 3 マルチバースを放浪する無数の軌跡のうちの 1 つがわれわれのユニバース．
4	異なる数学的構造に対応する具体的な時空は必ず実在する．言い換えれば，抽象的な法則は必ず対応する物理的実体をともなう．

6.12 レベル 1 マルチバース：地平線の先の宇宙

最初のレベル 1 マルチバースだけは確実に存在するもので，わざわざマルチバースと呼ぶ必要がないほどだ．しかしこれはすでに用いてきた「宇宙」と「われわれの宇宙」の使い分けを復習する上で重要である．現在の天文観測データは，この宇宙には果てがなく無限に広がっていると解釈して矛盾がない．あえて厳密な言い方をしたが，この宇宙は十分大きいと考えてよいという意味だ．しかし，光の速度は有限であるため，宇宙誕生以来 138 億年でわれわれが観測できる範囲の宇宙は限られている．これが宇宙の地平線球で，天文学者が「われわれの宇宙」と呼ぶ場合，ほとんどはこの領域を

*16 マルチバースに関する書物として，マックス・テグマーク『数学的な宇宙——究極の実在の姿を求めて』（谷本真幸訳，講談社，2016）がお勧めである．拙著『不自然な宇宙』（講談社ブルーバックス，2019）では，より初歩的かつ相補的な解説がある．

念頭においている.

そこで図 6.3 の左のように，われわれを中心とするハッブル半径 $r_{\rm H} \approx$ 138 億光年内の地平線球を，あらためて「われわれのレベル 1 ユニバース」と定義する*17.

レベル 1 ユニバースは任意の点を中心として定義できる．水平線の先にある風景は直接見えないものの，その先にも同じく海が続いているように，われわれの地平線球の先にも同じような「宇宙」がずっと続いている．その「宇宙」を，体積（$4\pi r_{\rm H}^3/3$）の無数の球で埋め尽くせば，1 つの球の内部は互いに因果関係をもち得る（情報をやりとりできる）ものの，そこから離れた球との間にはいまだ因果関係はない．この意味において，それらの領域は現在の時点では互いに独立した異なるレベル 1 ユニバースとみなすことができる．そしてその無数のレベル 1 ユニバースの集合である「宇宙」が，レベル 1 マルチバースである（図 6.3 の右図）.

レベル 1 ユニバースの半径は時々刻々増大しており，現在から N 億年後のレベル 1 ユニバースの半径は $(138+N)$ 億光年となる．つまり，現在のレベル 1 ユニバースは時間が経つにつれて融合し，徐々により大きなレベル 1 ユニバースとなる．それらの全体集合であるレベル 1 マルチバースには果てはなく，（事実上）無限の体積をもつ．とすれば，そこには有限体積のレベル 1 ユニバースは無限個存在するはずだ．さらに，仮に有限体積である

---

*17 現在の宇宙年齢は 138 億年と推定されているので，われわれが観測できる宇宙の奥行きは光が 138 億年かかって到達できる距離，すなわち 138 億光年だと結論できそうだが，実はその 3 倍強の 470 億光年である．ただしその程度の違いはあまり重要ではない．にもかかわらず，なぜ違うのか知りたい人が多いようだ．正確な計算には一般相対論が必要となるのだが，理由は単純で「宇宙が膨張しているから」である．たとえばある有限の長さをもつ直線状の紐を考えてみよう．宇宙誕生時に一方の端から出発した光が，反対側の端にいるわれわれに到達するまでの所要時間が 138 億年ならば，この紐の長さはその時間に光速をかけた値，すなわち 138 億光年になる．しかしこれは，この紐の長さが一定の場合に限られる．宇宙が膨張するにつれて，この紐もまたゴムが伸びるように，その長さは順次増大する．その結果，光の出発点は，光が実際に移動した距離以上にわれわれから遠ざかっている．それを標準宇宙モデルパラメータの値を用いて計算すれば，470 億光年になるのだ．具体的な計算を知りたければ拙著『一般相対論入門（改訂版）』（日本評論社，2019）の問題 [6.20] を参照していただきたい．とは言え，重要なのは現在のわれわれが観測できる宇宙の領域が有限であるという事実だけで，その値が 138 億光年だろうと 470 億光年であろうとどうでもよい．むしろ，宇宙の年齢が 138 億年なのになぜ 470 億光年という値が出てくるのか気持ちが悪いので，ここでは象徴的な意味で 138 億光年を用いる．宇宙に関する一般解説書の記述もほとんど同様である.

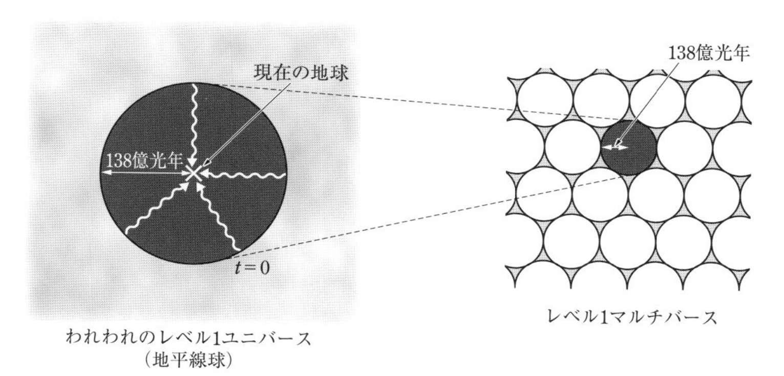

図 6.3 レベル 1 ユニバースとレベル 1 マルチバース．
左：地球を中心とする「われわれのレベル 1 ユニバース」．中心の地球の観測者には，半径 138 億光年離れた地平線球の果てからは，138 億年前（すなわち $t=0$）の情報しか届かない．その外に広がる領域の情報は，宇宙年齢の時間をかけてもまだ地球に届かないため，（その存在も含めて）知ることができない．
右：レベル 1 ユニバースは宇宙の任意の点を中心として定義できる．お互いに重ならない（ほぼ無限個の）異なるレベル 1 ユニバースの集合として，レベル 1 マルチバースを定義する．「われわれのレベル 1 ユニバース」は，それに属するレベル 1 ユニバースの（平凡な）一例にすぎない．

レベル 1 ユニバースの性質が，そのなかに存在する有限個の粒子に対応する有限の自由度だけで記述し尽くせるのであれば，レベル 1 マルチバースのどこかにわれわれのレベル 1 ユニバースとまったく同じ性質をもつクローンユニバースが実在する可能性が高い．無限個のなかに有限個の組み合わせは無限回登場するからである．これは，いわゆる並行宇宙あるいはパラレルワールドに対応する．この可能性は，別途 6.16 節で論じることにしたい．

6.13 レベル 2 マルチバース：因果関係をもたない宇宙

上述のレベル 1 マルチバースにおいて，異なるレベル 1 ユニバース間の境界はあくまで便宜的なものである．それらは本来，連続的につながっており明確な境界などない．当然，同じレベル 1 マルチバースに属するすべてのレベル 1 ユニバースにおいて，物理法則と基本物理定数の値は共通である．このように，レベル 1 マルチバースの存在はほぼ自明である一方で，人間原理と組み合わせてわれわれのレベル 1 ユニバースの不自然さを解消することはできない．人間原理の立場から重要なのは，互いに因果関係をもたず異なる基本物理定数の値をもち得る無数のレベル1マルチバースの存在である．それらの集合をレベル2マルチバースと定義する．この場合，それぞれのレベル1マルチバースはレベル2マルチバース集合の要素となるので，いわばレベル2ユニバースとみなせる．つまり，レベル1ユニバースの集合がレベル1マルチバースで，さらにそのレベル1マルチバース（= レベル2ユニバース）の集合がレベル2マルチバースという階層的な構造をなしている．

因果関係をもたない宇宙（レベル1マルチバース）を想像するのは難しいが，たとえば次のような可能性が考えられよう．

6.13.1 互いに超光速で遠ざかる宇宙

現在の宇宙の加速膨張の原因が宇宙定数だとすれば，やがて宇宙は指数関数的な膨張 $a(t) \propto \exp(\sqrt{\Lambda/3}\ t)$ をする．この場合，ある距離以上の領域は光速を超えて遠ざかることになるため[*18]，その領域とは互いに因果関係を保つことはできない．この場合には，いくら時間が経過しても同じ地平線内に入ることができない領域，言い換えれば互いに因果関係をもたない異なるレベル1マルチバースが存在し得る．それらの集合がレベル2マルチバースの一例である（図6.4）

このようなレベル2マルチバースは，宇宙初期に起こったと考えられているインフレーションによって実現する可能性がある．インフレーションは，誕生直後の宇宙が指数関数的に膨張することで，現在のわれわれの宇宙の平坦性や一様等方性を説明する仮説である．宇宙のある微小な場所が実効的にゼロでない宇宙定数の値を獲得したならば，その領域は指数関数的膨張を行い，大きく引き伸ばされた（われわれのレベル1ユニバースと比べるとほぼ無限とみなせる体積の）レベル1マルチバースとなる．さらにこれは宇宙の異なる場所で独立に進行する可能性があり，結果的に互いに因果関

---

*18　特殊相対論によれば光速を超えた情報の伝達は不可能である．ただし，膨張する座標系からみて静止している2つの物体は，互いに光速を超えて遠ざかっているように思えるが，それらの間で光速を超えた情報の伝達は起こっておらず，特殊相対論とは矛盾しない．いわば座標系そのものの伸び縮みと，その座標系のなかでの物体の運動とは異なる概念なのだ．特殊相対論に登場する速度は後者である．

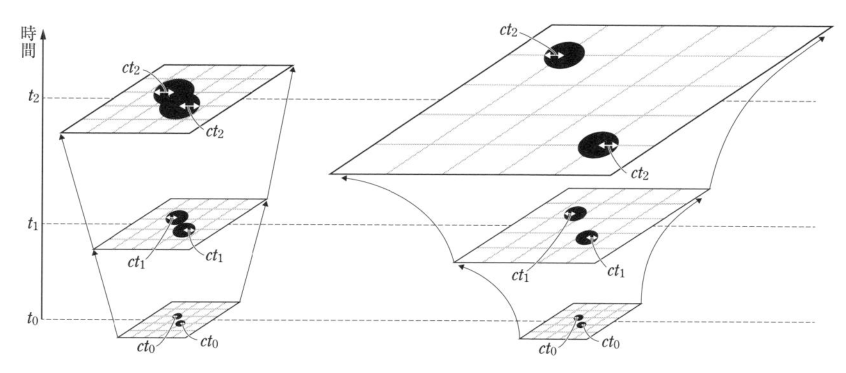

図 6.4 互いに超光速で遠ざかる宇宙（レベル 1 マルチバース）の集合としてのレベル 2 マルチバースの例．最下段のように，現在（$t = t_0$），互いに因果関係をもたない 2 つの地平線球（半径 ct_0）を考える．通常の場合，それらが宇宙膨張によって互いに遠ざかる距離よりも，光が伝搬する距離のほうが大きい．したがって，左図に示すように，時間が経過するとやがて 2 つの地平線球が接し（$t = t_1$），やがて合体（$t = t_2$）して，1 つの地平線球となる．一方，指数関数的に膨張する宇宙の場合，右図のように，この 2 つの地平線球の距離は光が伝搬できる距離以上に大きくなってしまうため，因果関係をもつことがない．この例は，現在の異なるレベル 1 ユニバースの未来を示したものであるが，これを宇宙誕生直後に存在した異なるレベル 1 マルチバースに置き換えれば，それらは互いに未来永劫因果関係をもち得ないことが理解できるであろう．そのようなレベル 1 マルチバースの集合がレベル 2 マルチバースの可能性の一例である．

係をもたない異なるレベル 1 マルチバースを生み出し得る．因果関係が成り立つ 1 つのレベル 1 マルチバース内では基本物理定数の値の組み合わせはすべて同じだが，因果関係のない別のレベル 1 マルチバースではそれとはまったく異なるほうが自然だ．これらは，人間原理が前提とする「異なる物理法則をもつレベル 1 マルチバース（= レベル 2 ユニバース)」の集合であるレベル 2 マルチバースとなっている．われわれの属するレベル 1 マルチバースはそのなかの一例であり，われわれの地平線球（レベル 1 ユニバース）はさらにその一部分にすぎない．

6.13.2 ワームホールによって隔てられた宇宙

因果関係をもたない宇宙の例としてブラックホールの内側と外側の領域を考えることもできる．ブラックホールのシュワルツシルト半径の内部からは光ですら外へ伝わることはできない．そのため，シュワルツシルト半径をもつ球面はブラックホールの事象の地平面と呼ばれ，その内部と外部の領域を因果的に分離している．内部がどうなっているのか，こちら側の宇宙からはわからないが，実はその先にもこちら側の宇宙と似たような宇宙が広がっているのかもしれない．あちら側の宇宙にもブラックホールがあり，それがこちら側の宇宙のブラックホールとつながっていると考えるのだ．これが正しいかどうかはわからないが，少なくとも一般相対論とは矛盾しない．そのような2つの領域をつなぐ時空構造は，宇宙のワームホール（虫食い穴）と呼ばれている．

ワームホールを通じてつながっている2つの領域は，ブラックホールの事象の地平面によって互いに因果的に隔てられているので，まさに因果関係をもたない2つの宇宙（レベル1マルチバース）の例となっている．ブラックホールは何個でも存在し得るので，そのような異なるレベル1マルチバースもまた無数個存在し得る．それらの集合がレベル2マルチバースを構成する（図6.5）．すでに述べた因果関係をもたない独立なレベル1マルチバースもまた，お互いにワームホールを通じてつながっている可能性がある．

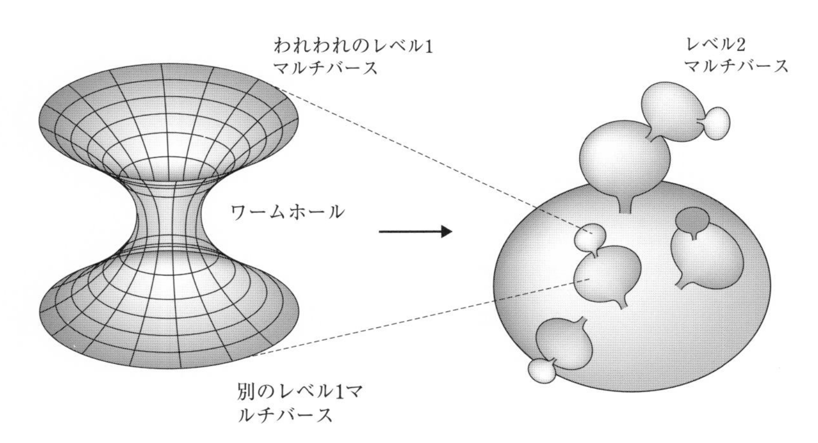

図 6.5 ワームホールで隔てられた異なる宇宙の集合としてのレベル2マルチバース．左のようにワームホールで隔てられた宇宙（レベル1マルチバース）が階層的にどこまでも続き，右のような集合としてのレベル2マルチバースを構成する可能性がある．そのなかの1つがわれわれが属するレベル1マルチバースに対応する．

6.13.3 異なる空間次元にある宇宙

われわれの宇宙は，時間 1 次元と空間 3 次元の 4 次元時空からなっている．なぜ空間が 3 次元なのかはわかっていないが，量子重力理論によればもともとは 10 次元あるいは 11 次元の時空がやがて実質的に 4 次元に落ち着いた可能性が指摘されている．とすれば，3 次元空間をもつレベル 1 マルチバースがより高次元空間内の異なる領域を占めており，互いにその存在を知り得ないだけかもしれない．

この高次元時空を単純化すれば，われわれのレベル 1 マルチバースは 4 次元空間 (x, y, z, w) の $w = 0$ に対応する 3 次元空間 $(x, y, z, w = 0)$ を占めており，異なる w の値にはそれぞれ 3 次元空間 $(x, y, z, w \neq 0)$ を占める別のレベル 1 マルチバースが対応する，と考えることができる．さらに次元を 1 つ下げて，高層ビルの異なる階にそれぞれ無限に広がるフロアとレベル 1 マルチバースとを対応させれば，直感的にわかりやすいかもしれない (図 6.6)．たとえばわれわれが 2 階に住んでおり，別の階と完全に隔離されているとすれば，1 階や 3 階に別のフロアが存在しているかどうか知るすべはないし，そもそも（知的好奇心を満たす以外には）それを想像する意味すらないであろう．このように，もしも宇宙が高次元空間であれば，異なる空間次元にあり因果的に隔絶された無数のレベル 1 マルチバースの集合としてレベル 2 マルチバースが存在し得るかもしれない．

念のために強調しておくと，（定義にもよるが）存在することが確実なレベル 1 マルチバースとは異なり，レベル 2 マルチバースが実在する証拠は何一つない．にもかかわらず，本節で紹介した理論的可能性はいずれも魅力的すぎて（科学的ではないとしても少なくとも哲学的には）捨てがたい気がするのではないだろうか．

6.14 レベル 3 マルチバース：量子力学の多世界解釈

レベル 1，レベル 2 とはまったく異なり，微視的世界に登場する量子論の確率的記述にもとづくマルチバースの可能性がレベル 3 である．実際に観測しようがしまいが，世の中の出来事はすべて決定していると考える古典論

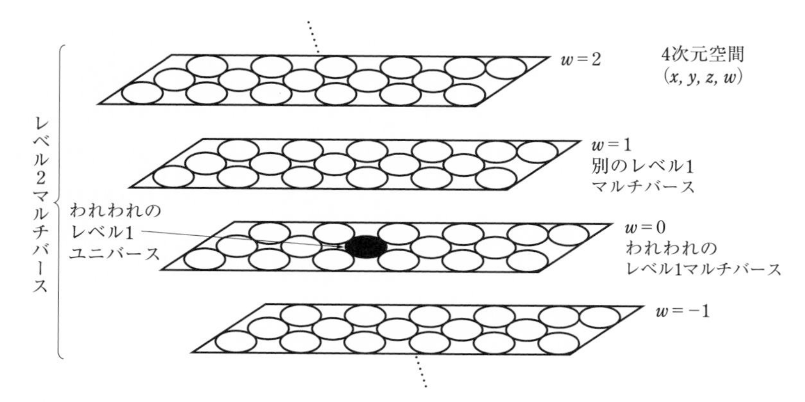

図 **6.6** 異なる空間次元にある宇宙の集合としてのレベル 2 マルチバース．われわれのレベル 1 マルチバース（したがってその中のレベル 1 ユニバース）の空間は (x, y, z) の 3 次元であるが，実は 4 次元空間 (x, y, z, w) の $w = 0$ に対応すると考える．とすれば異なる w の値に対して，それぞれ互いに因果関係をもち得ないレベル 1 マルチバースが付随している可能性がある．それらの集合がレベル 2 マルチバースを構成しているかもしれない．

的世界観は，微視的世界では正しくない．量子論では，確率的にはすべての可能性が実現し得るのだが，なんらかの観測を行わない限り実際に何が起こるかは決定しない．この意味が「観測するまでわからない」であればまだ納得できるのだがそうではない．「観測するまで確定しない」のである．これが，量子論の勃興期にデンマークのコペンハーゲンで，ボーアを中心とする学派によってまとめられた「コペンハーゲン解釈」の主張で，現在に至るまで標準的な量子論の考え方となっている．

この量子論が記述する微視的世界の不可解さが巨視的世界にも波及し得る例として，量子力学の創始者の一人であるエルヴィン・シュレーディンガー（1887-1961）が，箱を開けるまで「死んでいるか生きているかわからない」ではなく「死んでいると同時に生きている」猫の思考実験（シュレーディンガーの猫）を提案したことは有名である．

このコペンハーゲン解釈に対して，観測するしないにかかわらず，異なる可能性に対応した巨視的世界がそれぞれ実在するという立場が「多世界解釈」である．この「多世界」全体がレベル 3 マルチバースであり，そのなかの異なる可能性に対応する個々の「世界」が異なるレベル 3 ユニバースに対応する．レベル3マルチバース内の個々のユニバースを次々と遍歴する軌跡が各人にとっての宇宙である（図6.7）．この場合，観測する主体である各人ごとに宇宙が違うことになるので，「われわれ」の宇宙という概念は必ずしも適当ではない．過去を振り返って「あの時あそこであの出来事が起こっていなかったら今頃は……」という類の，この現実とは異なる世界は，物理法則に矛盾しない限り実際にはこのレベル3マルチバースのなかのどこかの（レベル3）ユニバースで実現しているわけだ．

コペンハーゲン解釈とは異なる量子力学の多世界解釈は，ヒュー・エヴェレット（1930–1982）がプリンストン大学大学院在学中に思いついたものだ．彼の指導教員であったジョン・アーチバルド・ホイーラー（1911–2008）*[19]は，1956年にエヴェレットが書き上げた博士論文を携えてコペンハーゲンの研究所を訪問したが，最後までボーアに多世界解釈を認めてもらうことはできなかった．それを聞いたエヴェレットは仕方なく，当初の博士論文を約4分の1に縮めたものを審査委員会に提出した後，原著論文*[20]として出版し大学を去った．

エヴェレットはその後，国防省の兵器システム班で研究職に就く．そこでは，複雑な輸送問題の最適化を行う優れた手法を開発し，現在も機密文書とされている核軍事戦略レポートで重要な貢献をした後，民間の防衛関係の会社，次にデータ解析関係の会社を設立する．1970年代になって，多世界解釈は物理学コミュニティーで認知され，さらにはサイエンス・フィクションで大きく取り上げられるようになった．ただし本人はすでにそのような物理学界の動きには興味をもたなかったらしい．あまりに独創的すぎて同時代人に理解されないまま不遇の人生を過ごした天才エヴェレットは，1982年7月19日，就寝中に心臓発作のため51歳の若さで亡くなった．

エヴェレットは，量子力学は微視的世界を記述するだけではなく，観測者であるわれわれを含む巨視的世界をも同等に記述すべきだと考えた．というより，微視的世界と巨視的世界という区別そのものが救いがたいほど無意味であると主張したのだ．その意味で，コペンハーゲン解釈は中途半端であり

*19 リチャード・ファインマンの指導教員で，ブラックホールという名前を世の中に広めたことでも有名である．

*20 Everett, H. III, *Review of Modern Physics* (1957), **29** 454.

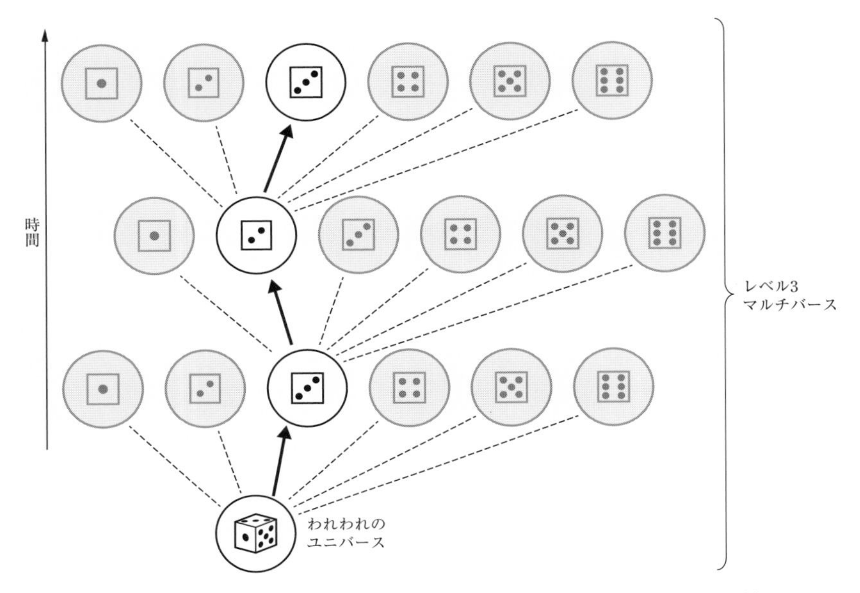

図 **6.7**　量子力学の多世界解釈に対応するレベル 3 マルチバース．ある時刻でサイコロをふる場合，その目に応じて 6 つの異なる可能性があり得る．通常は，宇宙でそのなかの 1 つの可能性だけが偶然に実現すると考える．しかし実際には，6 つの可能性に応じた 6 つの異なる宇宙が同時に実現しているのかもしれない．これはあらゆる事象に対してくり返し起こり得るので，微妙な違いしかない宇宙からまったく異なる宇宙まで無数の宇宙が並行に存在しているかもしれない．この説明はあくまで古典的な確率事象を例としたものであるが，量子力学的現象は完全な決定論ではなく，確率的にしか議論できないことが知られており，この例と同じくそれらのすべての可能性に対応した宇宙が「実在」しているかもしれない．それらのすべての集合がレベル 3 マルチバースであり，そのなかで因果的に可能な時空の遍歴が「われわれのユニバース」だと解釈できる．

論理的に一貫していないというわけだ．エヴェレットの提案した多世界解釈は，物理学の記述する世界はどこまで本当に実在するのかという根源的な問いかけでもある．エヴェレットは，この多世界解釈に登場するすべての可能性（=世界）は仮想的なものではなく，実在すると考えた．レベル 3 マルチバースはまさにそれに対応する．その延長線上には，抽象的な理論体系と現実の宇宙とはどのような関係にあるのか，というさらに哲学的な疑問が浮かび上がる．

6.15 レベル 4 マルチバース：数学的な宇宙

自然科学の基礎は実験・観測事実にある．いくら論理的に無矛盾で魅力的な理論体系であろうと，実験結果と一致しない限り「間違った」理論として棄却される運命にある．そのくり返しを通じて「唯一の正しい」理論体系を探り当てる作業が自然科学だと考えるのが常識的なところだろう．

しかし論理的に自己矛盾のない自然法則の理論体系（= 数学的構造・公理系）は複数存在し得る．とすれば，われわれの世界とは異なる理論体系は「間違っている」のではなく，われわれの世界がたまたまそれを「採用しなかった」だけではあるまいか．それどころか，その体系を採用した別の世界がどこかに存在しているかもしれない．それらの集合がレベル 4 マルチバースである．この「異なる理論体系を採用する宇宙」という大げさな表現を，「異なる基本物理定数の値の組み合わせをもつ宇宙」と言い換えれば，レベル 1 マルチバースの集合としてのレベル 2 マルチバースに帰着する．レベル 4 マルチバースはさらに基本物理定数の値に限らず，数学的構造や公理系といったさらに抽象的な枠組みそのものまでもが異なる宇宙の可能性をも含む．つまり，抽象的な世界と実在する世界の間に区別はないという大胆な主張である．

通常われわれは，抽象的な意味での「可能性」（論理的に想像できる）と実際に確認できる「存在」とは，明確に区別できるしそうあるはずだと信じて疑わない．しかしそれは本当なのだろうか．われわれは自分が生きている世界は確認できるが，自分が生きていない世界はあくまで想像するしかない．にもかかわらず，江戸時代の実在は疑ったことがないし，自分が死んだ後にもこの世界は消滅せず実在し続けるものと固く信じている．

この考察を一般化してみよう．われわれは，自分が直接認識できずとも（遠く離れた場所や，ずっと過去であろうと）誰かが認識した（できる）ものまで含めて，その実在性を認めている．では，われわれのレベル 1 マルチバースに存在する知的生命がこの地球人だけだと仮定した場合，近い将来この地球が滅亡した時点で，この宇宙は実在しなくなるのだろうか．この地球上で人類が誕生する数百万年前までは，この宇宙は実在していなかったというべきなのか．そんなことは認めないはずだ．

ではその考察をさらに進めて，そもそも生命がどこにも存在しない宇宙（ロンリーワールドと呼ばれる）の場合，その宇宙は実存しているのか，あるいはいないのか．私にはその実在は内部観察者（知性）の存在とは無関係に決まっているとしか思えないし，ロンリーワールドであろうと実在する宇宙は確実にあるはずだと考える．しかし，実在するロンリーワールドと，実在しないロンリーワールドを区別することは不可能である．とすれば，もっとも単純な立場は，われわれが頭のなかで構築した数学的無矛盾な体系（それらのほとんどはロンリーワールドであろう）のすべてが具体的な宇宙としてあまねく実在する，と認めることである（図 6.8）．

このように，マルチバースという概念を突き詰めていけば，物理法則とは何か，数学的概念と物理的実在との関係，科学的検証とは何か，世界における観測者あるいは知性の役割など，通常の科学では扱うことのない哲学的問題に向き合わざるを得なくなる．検証可能性，さらには予言能力という観点から考えると，マルチバースや人間原理を通常の自然科学の枠内の対象とみなすことには無理がある．だからといって，われわれの宇宙の存在という深遠な第一級の問題を突き詰めることを敬遠すべき理由はない．哲学的・思弁的な対象にすぎないにせよ，可能な限りその論理的帰結を追究する価値は高い．

6.16 クローン宇宙とパラレルユニバース

すでに述べたように，レベル 1 マルチバースはあえてマルチバースと呼ぶ必要がないほどその存在は自明であるものの，その空間体積が厳密に無限大と言えるかどうかはわからない．しかし仮にその体積が無限大であるとすれば，そこに存在する無数のレベル 1 ユニバースの中に，互いに瓜二つの性質をもつクローン宇宙あるいはパラレルユニバースが出現する可能性がある．最後にこの問題を考察してみたい．ただしあらかじめ断っておくと，以下の議論で前提とされる仮定は必ずしも正しいとは限らないので，そのつもりで批判的にお読みいただきたい．

とりあえず以下の 4 つの仮定を認めることにしよう．

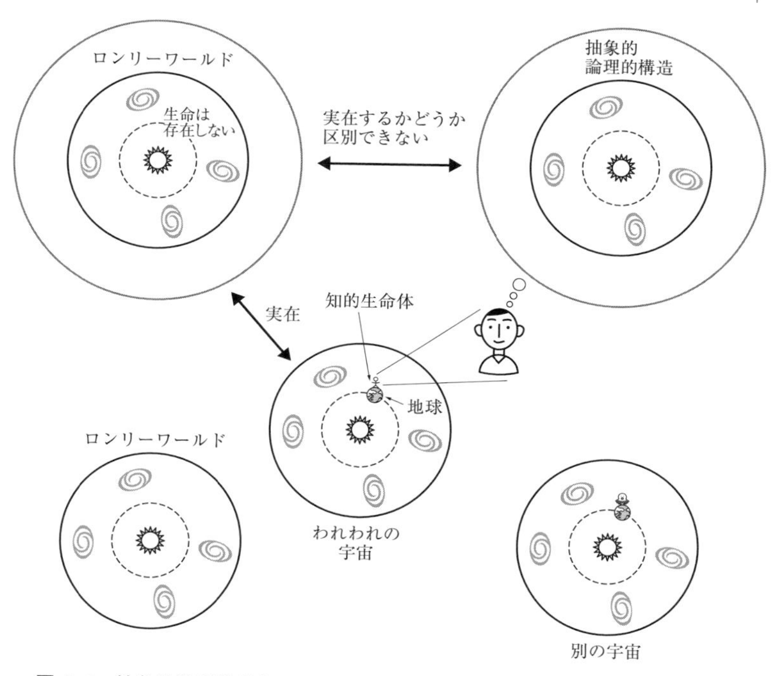

図 **6.8** 抽象的論理構造とレベル 4 マルチバース．「われわれの宇宙」が実在していることを確信できるのは，そのなかに知的生命体である「われわれ」が存在しているおかげである．しかし，将来われわれ（のみならず他にも存在しているかもしれない地球外知的生命体）が絶滅したとしても，「われわれの宇宙」が実在し続けることは確実だ．さて，実在するある宇宙（レベル 1 ユニバースでも，あるいはレベル 2 マルチバース内のレベル 1 マルチバースでもよい）に知的生命体が存在しないならば，その宇宙の実在を認識することは不可能だ．そのような宇宙をロンリーワールドと呼ぶことにする．宇宙において知的生命体が誕生する確率が著しく低いならば，ほとんどの実在する宇宙はむしろロンリーワールドである可能性が高い．それらの集合はすでに述べたレベル 1 あるいはレベル 2 マルチバースである．ここでさらにわれわれが，ある数学的に無矛盾な体系を考えてそれにしたがう具体的な宇宙の存在を「想像」したとする．その宇宙は，「われわれの宇宙」とは異なる物理法則に支配されているであろうし，そのような「自然な宇宙」に知的生命体が存在する可能性は低い．つまりこれは仮想的なロンリーユニバースである．しかし，実在するロンリーユニバースと，頭のなかで想像しただけの仮想的なロンリーユニバースを，区別する方法はない．その意味において，抽象的な論理構造はすべてそれに対応した具体的な宇宙として実在していると考えてもよいだろう．そのような抽象的な宇宙の集合がレベル 4 マルチバースだ．

(i) 宇宙の性質は，そのなかに存在する全水素原子の空間分布によって完全に決まる．

(ii) 水素原子はぎりぎり陽子の大きさ（約 1fm）まで互いに接近できる．

(iii) 個々の水素原子はすべて同一で内部自由度をもたない．

(iv) 宇宙の振る舞いは決定論的で量子論的効果は無視できる．

その上で，現在の地平線球（われわれのレベル 1 ユニバース）がもつ自由度の数を計算してみよう．

半径 $r_{\mathrm{H}} = 138$ 億光年 $\approx 1.3 \times 10^{28}$cm の地平線球内に詰め込める半径 1fm ($= 10^{-13}$cm) の水素原子の最大個数は

$$N_{\max} = \left(\frac{1.3 \times 10^{28}}{10^{-13}}\right)^3 \approx 2 \times 10^{123} \tag{6.27}$$

となる（$4\pi/3$ などの数係数はすべて無視する）．宇宙を $N_{\max}$ 個のセルに分割した場合，実際には 1 つのセルに水素原子があるかないかの 2 つの可能性があるので，仮定 (i)-(iv) のもとでこの地平線球のもつ（古典的な）全自由度の数は

$$N_{\mathrm{dof}} = 2^{N_{\max}} \approx 2^{2\times 10^{123}} = 10^{2\times 10^{123}\log_{10} 2} \approx 10^{0.6\times 10^{123}} \tag{6.28}$$

で与えられる．

つまり異なるレベル 1 ユニバースは N_{dof} 種類しかない．したがってレベル 1 マルチバース内に $r_{\mathrm{H}}^3 N_{\mathrm{dof}}$ 以上の体積をもつ領域を選べば，まったく同じ水素原子配列をもつレベル 1 ユニバースがくり返し出現するはずだ（図 6.9）．この体積をもつ領域の半径は

$$\begin{aligned} D_{\mathrm{para}} &= r_{\mathrm{H}} N_{\mathrm{dof}}^{1/3} \approx 138\,\text{億光年} \times 10^{0.2\times 10^{123}} \\ &\approx 10^{2.1+0.2\times 10^{123}}\text{億光年} \approx 10^{10^{122}}\text{億光年} \end{aligned} \tag{6.29}$$

となる．ここまでをまとめれば，N_{dof} 種類のレベル 1 ユニバースがランダムに出現するならば，平均的にはわれわれから半径 D_{para} の領域内に，われわれのレベル 1 ユニバースとまったく同じ水素原子配列をもつクローン

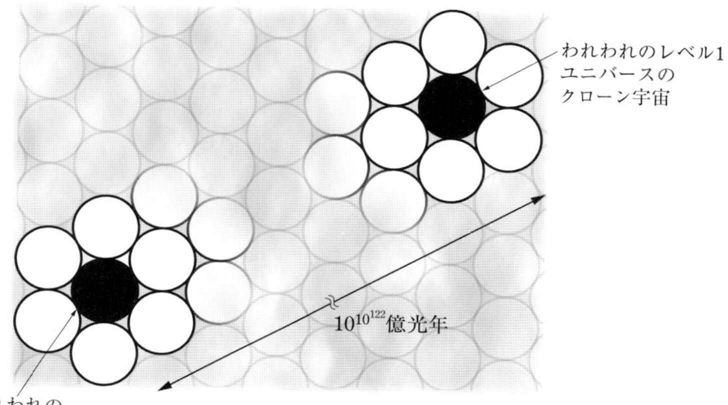

図 **6.9** 同じレベル 1 マルチバースに属する,「われわれのユニバース」と,その「クローン宇宙」. レベル 1 ユニバースのもつ自由度が有限個であるならば,その自由度の数以上のレベル 1 ユニバースが含まれる領域には必ず同じレベル 1 ユニバース,すなわち「クローン」宇宙が実在するはずである.単純な計算からは,われわれのレベル 1 ユニバースから半径 $10^{10^{122}}$ 億光年以内にその「クローン宇宙」が存在すると予想される.

宇宙(並行宇宙あるいはパラレルユニバース)が実在するはずだ*21.

(6.29) 式の推定の妥当性は明らかではない.少なくともその推定値があまり正確でないことは確かである.その値に至る考察の本質は,

(A) われわれが観測できる宇宙(レベル 1 ユニバース)の体積は有限である.

(B) われわれのレベル 1 マルチバースは十分大きい.

(C) 有限体積の領域は有限自由度のパラメータで記述し尽くされる.

の 3 つの仮定に集約される.(A) はレベル 1 ユニバースの定義から自明である.(B) において「十分大きい」とは,(6.29) 式よりも大きいことを指しており,われわれのレベル 1 マルチバースの体積は(ほぼ)無限大だとくり返してきたのはこの意味である.したがって最大の問題は (C) である.

*21 ちなみに,(10 の 122 乗)億光年ではなく(10 の 10^{122} 乗)億光年である.これだけ冪指数が大きくなると,$10^{10^{122}}$ 億光年 であろうと,$10^{10^{122}}$ 光年 であろうと,たかだか 8 桁の違いでしかないのでその程度の細かいことを気にしてはならない.

この自然界の基本構成要素が有限の自由度しかもたない素粒子である限り，有限体積の領域がもち得る自由度もまた有限である，という考えは当然のように思える．しかしながら，宇宙の多様性はそのなかに存在する物質のもつ自由度だけで記述し尽くせるのか，言い換えれば，仮定(iv)で明示的に無視してきた量子論的効果は本当に影響しないのか，時間と空間が離散的でなく連続的な性質をもつ限りいくら有限体積の領域であろうとその自由度は有限になり得ないのではないか（これは世界の本質がデジタルかアナログかという問いに帰着する），など，考え始めれば何一つ自明ではない．このように，クローン宇宙やパラレルユニバースの可能性は，荒唐無稽ではないどころか宇宙あるいは世界の本質と密接に関係した問いなのである．

あとがき：宇宙を学び世界を問う

本書では，自然界に横たわる微視的および巨視的階層に注目し，それらを物理法則という観点から理解する試みを紹介した．自然界のみならず，文化的あるいは社会的階層もまた多く存在する．このように異なる状況において階層構造が普遍的に存在する理由は明らかではないものの，それらが，この世界の安定性を支えていることは事実のようだ．何らかの理由である階層の構造が壊れたとしても，世界すべてが一挙に灰燼に帰すのではなく，より上位あるいは下位の階層を超えて影響が及ばないような仕組みになっているらしい．

宇宙の階層を例として考えよう．銀河団同士あるいは銀河同士は互いに相互作用を及ぼし衝突や合体をくり返す．しかし，そのような事象が起ころうと，それらを構成しているより基本的な要素である恒星や惑星はほとんど影響を受けない．ある意味ではより小さい構造ほど安定なのである．一方で安定な構成要素が単純に集まっただけでは，高度で複雑な機能をもつことは難しい．物質や生物のもつ驚くべき多様性と多彩な性質は，それらがすべてあまねく素粒子からできているという単純な事実だけからは予想しがたい．これは世界を要素還元的に理解しようとする方法論の限界であるとともに，異なるレベルの階層構造の存在が，この世界が示す複雑で興味深い振る舞いの源泉であることを示唆する．これは著名な物性物理学者であるフィリップ・アンダーソン（1923–2020）の言葉 “More is different”[*1]にも通ずる．

微視的なスケールの物質階層が物理法則に支配されていること自体はさほど不思議ではないかもしれないが，巨視的な天体もまた同様に物理法則に支配されているかどうかは自明ではない．しかし，現代の宇宙物理学は，あらゆる天体階層の起源と進化を物理法則によって解明することに（少なくとも部分的には）成功している．おかげで，基本物理定数がこの自然界とは異なる値をとった場合に，どのような天体階層が生まれるかを大まかに予測する

*1　Anderson, P.W., *Science*, **177**（1972）393.

ことすら可能である．その結果，自然界の 4 つの相互作用の強さが著しく異なっているという不自然さこそが，安定な天体諸階層を生み出していることが認識されるようになってきた．微視的な物理法則の不自然さが，宇宙の安定性を自然に説明してくれるというわけだ．

この論理を逆にたどれば，巨視的宇宙の詳細な観測が，微視的な物理法則のさらなる解明につながることも納得できよう．端的な例は，図 5.13 の宇宙マイクロ波背景輻射温度ゆらぎ全天地図である．一見すると乱雑な模様にしかみえないこの古文書を，球面調和関数という数学を用いて解読すれば，そのなかに驚くほど豊かな情報が埋め込まれていることがわかる．その結果，宇宙の元素，ダークマター，ダークエネルギーという宇宙の主要成分の存在量を 1% 以下の精度で推定することができる．この意味において，この宇宙がもつ本質的な情報はすべてこの地図に刻まれているとすら言える．そしてそれは同時に，この宇宙そのものが物理法則にしたがっていることの証拠でもある．この地図に刻まれた情報を解読して初期条件とし，物理法則と組み合わせれば，宇宙の膨張，銀河・銀河団・星・惑星の形成と進化，などの宇宙物理学の対象にとどまらず，生命の誕生，意識の形成と知的生命体への進化，さらには社会や芸術，文化の形成と終焉といったまさに森羅万象を「原理的には」解明し尽くすことができるはずである．

図 4.1 が示すように，この世界を満たす構造は，微視的なプランク長さ（10^{-33} cm）からもっとも巨視的な宇宙の地平線半径（10^{30} cm）に至る約 60 桁ものスケールにわたって存在する．そのなかの特定の対象と興味に応じて研究分野は細分化されているものの，それらは本来シームレスな世界を分割して異なる視点から解明することをめざしている．先人によって蓄積された知識を「学び」，まだ解明されていない謎を「問う」．科学はまさにこの「学問」というエンドレスの営みである．本書を通じて読者の方々が「宇宙を学び世界を問う」営みを追体験し共有してもらえたとすれば，望外の喜びである．

付録　大きな数と小さな数

微視的世界および巨視的世界には，日常から想像できないほど小さな桁と大きな桁の数字がしばしば登場する．そこで本書全体の復習もかねて，自然界の階層構造の典型的なスケールをそれらの大きさの桁という観点から振り返ってみたい．

A.1　ものの質量

スケールという言葉は，一般的には長さという意味で使われることが多いかもしれない．しかし，物理学ではより広く，質量，エネルギー，時間など，ある物体を特徴づける量をさして用いられる．まず，表 A.1 にしたがって，自然界に存在する階層の質量スケールを眺めてみよう．

微視的階層

現在のところ，質量が 0 でなく，かつその値が正確にわかっているもっとも軽い素粒子は電子で，およそ $m_{\mathrm{e}} \approx 9 \times 10^{-28}\ \mathrm{g}$ である．ニュートリノに質量があることも実験的に証明されているものの，正確な値はまだ決定されておらず，電子の質量よりも 6 桁以上小さいようだ．

陽子は素粒子ではないが，中性子と並んで原子核を構成するもっとも基本的な粒子である．その質量は，電子の約 2000 倍，$m_{\mathrm{p}} \approx 2 \times 10^{-24}\ \mathrm{g}$ である．アボガドロ数 $N_{\mathrm{A}} \approx 6 \times 10^{23}$ は，質量数 12 の炭素 12 g に含まれる原子数として定義される．この炭素は 6 個の陽子と 6 個の中性子からなるが，中性子の質量は陽子とほとんど同じなので（より正確には，0.1% 程度大きい），N_{A} は 1 g の（通常の）物質中に存在する陽子の数と言い換えてもよい．

表 **A.1** ものの質量.

名称	記号	値
電子	$m_{\rm e}$	9.11×10^{-28} g
陽子	$m_{\rm p}$	1.67×10^{-24} g
インフルエンザウイルス	—	$\approx 10^{-15}$ g
大腸菌	—	$\approx 10^{-12}$ g
赤血球	—	$\approx 10^{-10}$ g
火山灰粒子	—	$\approx 10^{-7}$ g
ゾウリムシ	—	$\approx 10^{-6}$ g
ミジンコ	—	$\approx 10^{-5}$ g
プランク質量	$m_{\rm pl}$	2.18×10^{-5} g
フォボス（火星の衛星）	—	1.1×10^{19} g
エウロパ（木星の衛星）	—	4.8×10^{25} g
地球	$M_{\oplus}$	5.97×10^{27} g（$\approx M_{\rm J}/300$）
木星	$M_{\rm J}$	1.90×10^{30} g（$\approx M_{\odot}/1000$）
太陽	$M_{\odot}$	1.99×10^{33} g
銀河	$M_{\rm gal}$	（$10^{11} \sim 10^{12}$）$M_{\odot}$
銀河団	$M_{\rm cl}$	（$10^{14} \sim 10^{15}$）$M_{\odot}$（$\approx 1000 M_{\rm gal}$）
（ハッブル半径内の）宇宙	$M_{\rm H}$	$10^{22} M_{\odot} \approx 10^{55}$ g

さて実際に対応する粒子があるわけではないが，基本物理定数（具体的には量子論，相対論，重力を特徴づけるものとして換算プランク定数 $\hbar$，光速度 c，重力定数 G の 3 つを選ぶ）だけからつくられる質量の次元をもつ組み合わせは $\sqrt{\hbar c/G}$ で，プランク質量 $m_{\rm pl}$ と呼ばれる．その値である 2×10^{-5} g は小さいように思うかもしれないが，火山灰やアメーバ，ゾウリムシといった単細胞生物の質量より 1，2 桁大きく，最小の甲殻類であるミジンコの体重ほどもある（表 A.1 参照）．電子や陽子をこのプランク質量に対応するほどのエネルギー（プランクエネルギー $\sim 10^{19}$ GeV）まで加速することができれば，未知の物理法則が見えてくるはずだ．

天文学的階層

ここまで，微視的階層に現れる質量の典型的スケールを論じてきたが，ミリグラムから数トンといったスケールは身の回りにあふれかえっているので，それらは省略して一挙に天文学的スケールへ話を移す．どこからを天体と呼んでよいかはあまり明らかではないが，質量がある程度正確に決定できるのは，太陽系内惑星の衛星以上であろう．これは火星の衛星ダイモスの 10^{18} g から木星の衛星ガニメデの 10^{26} g 程度まで広範囲にわたる．ガス惑星の典型的質量は木星の $M_{\rm J} \approx 2 \times 10^{30}$ g である．また太陽は，中心部での核融合反応をエネルギー源として輝く恒星の典型で，その質量 $M_\odot \approx 2 \times 10^{33}$ g は，天文学における質量の基本単位として頻繁に用いられる．

さらに宇宙論的天体となると，恒星が100億個程度集まった銀河が $M_{\rm gal} = (10^{11} \sim 10^{12})\, M_\odot$，さらにその銀河が1000個程度集まった銀河団が $M_{\rm cl} = (10^{14} \sim 10^{15})\, M_\odot$ 程度の質量をもつ．恒星自体は通常の物質からなっているが，銀河さらに銀河団の質量の大部分はダークマターからなる．銀河と銀河団の質量が恒星だけの質量の総和よりも1桁程度大きいのはその表れである．

宇宙でもっとも巨大なものは何か，と問えば，結局，宇宙そのものだとの禅問答的回答に帰着する．しかし宇宙はほぼ無限に広がっているため，その質量を定義することはできない．その代わりに，宇宙論では単位体積あたりの平均質量密度：

$$\rho_0 = \Omega_{\rm m} \left(\frac{3H_0^2}{8\pi G}\right) \approx 5.7 \times 10^{-30} h^2 \left(\frac{\Omega_{\rm m}}{0.3}\right) {\rm g/cm^3}$$
$$\approx 8.4 \times 10^{10} h^2 \left(\frac{\Omega_{\rm m}}{0.3}\right) M_\odot/{\rm Mpc}^3 \qquad ({\rm A.1})$$

が用いられる．$\Omega_{\rm m}$ は現在の宇宙に存在する物質の密度パラメータで，およそ0.3だと推定されている（表5.2参照）．

これを用いれば，現在（原理的に）観測できる宇宙（地平線球）内に存在する物質の全質量 $M_{\rm H}$ を推定できる．現在の宇宙年齢はおおよそハッブル定数 $H_0 \equiv 100\, h{\rm km/s/Mpc}$ の逆数で与えられ，それまでに光速度で情報が伝搬できる距離はハッブル半径

$$r_{\rm H} = \frac{c}{H_0} \approx 9.3 \times 10^{27}\, h^{-1}{\rm cm} \approx 3000\, h^{-1}{\rm Mpc} \qquad ({\rm A.2})$$

と呼ばれる．無次元ハッブル定数 h の値はおよそ0.7である．これらより

$$M_{\rm H} \equiv \frac{4\pi}{3}\rho_0 r_{\rm H}^3 \approx 9.4\times10^{21}h^{-1}\left(\frac{\Omega_{\rm m}}{0.3}\right)M_\odot$$
$$\approx 1.9\times10^{55}h^{-1}\left(\frac{\Omega_{\rm m}}{0.3}\right){\rm g} \qquad \text{(A.3)}$$

が得られる[*1].

A.2 ものの長さ

質量の場合と同様に，表 A.2 にしたがって森羅万象の長さスケールを概観してみよう.

微視的階層

電子のような素粒子の大きさから始めたいところであるが，素粒子は大きさをもたないものとされている．しかし長さをもたないものが実在し得るかどうかは，物理学というよりも，明確かつ難解な哲学的問題に分類されるべきかもしれない．プランク質量の場合と同じく，基本物理定数だけからつくられる長さの次元をもつ組み合わせは $\sqrt{\hbar G/c^3}$ で，プランク長さ $\ell_{\rm pl}$ と呼ばれる．その値，約 2×10^{-33} cm 以下のスケールでは，既知の物理学の法則はそのままでは適用できないものと考えられている．つまり，$\ell_{\rm pl}$ の世界が実在するかしないかは別として，われわれはそれを記述する手段を今のところもち合わせていないということになる．質量 m の粒子は，量子力学的には換算コンプトン波長 $\lambda = \hbar/mc$ として知られている程度の実効的な有限の広がりをもつ．この関係式にプランク質量を代入すればプランク長さとなるし，陽子，電子に対してはそれぞれ 2×10^{-14} cm，4×10^{-11} cm，という値が得られる.

電子の静電エネルギー e^2/r がその質量エネルギー $m_{\rm e}c^2$ と一致するような長さ r を，古典電子半径 $r_{\rm e}$ と呼ぶ．光子は電子と衝突して散乱される（コンプトン散乱）が，とくに光子のエネルギーが $m_{\rm e}c^2$ より十分低い場合

---

*1　もちろん宇宙の質量密度は宇宙膨張にともなって時間変化する．その意味で，ハッブル半径内をすべて同時刻の一様密度球だと思って計算することには納得できないかもしれないが，本書は一貫して桁の議論を展開しているのであまり神経質にならず読みすすめてほしい.

表 **A.2** ものの長さ.

名称	記号	値
プランク長さ	$\ell_{\rm pl} = \sqrt{\hbar G/c^3}$	1.62×10^{-33} cm
陽子の換算コンプトン波長	$\lambda_{\rm p} = \hbar/m_{\rm p}c$	2.10×10^{-14} cm
古典電子半径	$r_{\rm e} = e^2/m_{\rm e}c^2 = \alpha_{\rm E}^2 r_{\rm B}$	2.82×10^{-13} cm
電子の換算コンプトン波長	$\lambda_{\rm e} = \hbar/m_{\rm e}c = \alpha_{\rm E} r_{\rm B}$	3.86×10^{-11} cm
ボーア半径	$r_{\rm B} = \hbar^2/m_{\rm e}e^2$	0.53×10^{-8} cm
大腸菌		$\approx 10^{-4}$ cm
スギ花粉		$\approx 10^{-3}$ cm
ゾウリムシ		$\approx 10^{-2}$ cm
ミジンコ		$\approx 10^{-1}$ cm
恐竜の体長		$\approx 10^{3}$ cm
東京タワーの高さ		3.33×10^{4} cm
太陽のシュワルツシルト半径	$r_{\rm s} = 2\,GM_{\odot}/c^2$	2.95×10^{5} cm
富士山の高さ		3.776×10^{5} cm
火星の衛星フォボス半径		$\approx 10^{6}$ cm
木星の衛星エウロパ半径		1.57×10^{8} cm
地球半径	$R_{\oplus}$	6.38×10^{8} cm
木星半径	$R_{\rm J}$	7.15×10^{9} cm
月と地球の距離		3.8×10^{10} cm
太陽半径	$R_{\odot}$	6.96×10^{10} cm
太陽と地球の距離	au	1.50×10^{13} cm
最も近い恒星までの距離		4.0×10^{18} cm
太陽と銀河中心との距離		2.6×10^{22} cm
アンドロメダ銀河までの距離		2.2×10^{24} cm
おとめ座銀河団までの距離		5.6×10^{25} cm
ハッブル半径	$r_{\rm H} = c/H_0$	$9.3 \times 10^{27}\, h^{-1}$cm

はトムソン散乱と呼ばれ，その全散乱断面積は $\sigma_{\rm T} = 8\pi r_{\rm e}^2/3$ で与えられる．この散乱において電子は近似的に $r_{\rm e} \approx 3 \times 10^{-13}$ cm の半径をもつ剛体球のように振る舞うわけだ．

原子は，古典的には中心の原子核とその周りを運動する電子からなる．そのサイズは，水素原子の基底状態の電子の軌道半径であるボーア半径 $r_{\rm B} = \hbar^2/m_{\rm e}e^2 \approx 0.5$ Å で代表されると考えてよい．古典電子半径，電子の換算コンプトン波長，ボーア半径は，微細構造定数 $\alpha_{\rm E} \approx 1/137$ を通じて互いに

$$r_{\rm e} = \alpha_{\rm E}\lambda_{\rm e} = \alpha_{\rm E}^2 r_{\rm B} \tag{A.4}$$

という関係にある．分子もその大きさは Å のオーダーである．その先は高分子，細胞，生物の領域となるので，スキップして一挙に巨視的な天体のスケールにうつることにしよう．

天文学的階層

表 A.1 にも示したフォボスは，27 km×22 km×19 km，面積は淡路島程度だ．地球はその周 $2\pi R_\oplus$ がほぼ正確に 4 万 km．もちろんこれは偶然ではなく，歴史的にはその長さの 4000 万分の 1 がメートルの定義だったことによる．木星の半径 $R_{\rm J}$ は太陽の半径 $R_\odot \approx 70$ 万 km の約 10 分の 1 で，質量比 $M_{\rm J}/M_\odot$ は 1000 分の 1 である．つまり木星と太陽の密度はほぼ等しい．一方，地球は岩石惑星で密度が高いため，質量のわりには（$M_\oplus \approx 3\times10^{-6}\,M_\odot$）半径は小さく太陽の約 100 分の 1 となっている．

太陽と地球の（平均）距離は約 1.5 億 km で，天文単位（au）と呼ばれる．太陽系がどこまで広がっているかははっきりしていない．冥王星までは 40 au であるが，太陽系の円盤面上の 30 au から 500 au 程度の距離にはエッジワース・カイパーベルトと呼ばれる短周期彗星の起源となる小惑星帯が存在するという予想が最近観測で確かめられている．これに対して，長周期彗星の起源として，太陽系の外縁を取り囲むような半径 10 万 au 程度の球殻の存在が予想されている（オールトの雲）が，その観測的証拠はまだ見つかっていない．

太陽系を超えた世界の長さスケールを示す単位としては，通常パーセク（pc）が用いられる．これは，1 au を見込む角度が 1 秒となるような距離で，$1\,{\rm pc} \approx 3\times10^{18}\,{\rm cm} \approx 20$ 万 au である．新聞報道などで天体までの距離を表す際には，光が 1 年間に進む距離である光年（≈ 0.307 pc）が用いられることのほうが多いかもしれない．たとえば，「太陽からもっとも近くにある恒星はケンタウルス座アルファ星の伴星 C で，4.2 光年先にある」，といった具合である．しかし，天文学の文献において光年が用いられることはほとんどない．

太陽系は銀河中心から約 8.6 kpc 離れたところに位置しており，銀河系円盤の半径が約 15 kpc であることを考えると，比較的のどかな田舎にあると言ってよい．銀河系にもっとも近い系外銀河はアンドロメダ銀河（M31）

で，約 700 kpc 先にある．

銀河が数千個集まった階層が銀河団であるが，その典型的大きさは 2 Mpc（メガパーセク：10^6 pc）である．銀河系からもっとも近いおとめ座銀河団は約 18 Mpc の距離に位置している．これに対して観測できる宇宙のサイズは，前節で定義したハッブル半径 $r_{\mathrm{H}} \approx 3000\, h^{-1}$Mpc である．

A.3 大きな数の単位

日本で用いられている大きな数の呼び名のほとんどは仏教に由来している．明の程大位による算法統宗を土台にして，日本における数詞を確立させたのは，吉田光由の『塵劫記（じんこうき）』である．『塵劫記』は，初版（1627 年），寛永 8（1631）年版，寛永 11（1634）年版とで若干定義が異なっているが，寛永 11 年版によれば，数の呼び名は表 A.3 の通りである．通常は，「京」あたりまでしか使わないが，無量大数（$= 10^{68}$）という名称は比較的よく知られている．しかしさらに無量大数を超える数値にも名前がつけられている．

大方広仏華厳経の巻第四十五，阿僧祇品第三十には那由他，阿僧祇，無量大数を含む巨大な数が述べられている．華厳経ではある数以上になると，それらを次々に 2 乗することで次の単位を定義する．たとえば，

$$\text{那由他} \times \text{那由他} = \text{頻波羅（びんばら} = 10^{56}\text{)}, \tag{A.5}$$

$$\text{頻波羅} \times \text{頻波羅} = \text{矜羯羅（こんがら} = 10^{112}\text{)} \tag{A.6}$$

という具合である（ちなみに，この定義によれば那由他は 10^{60} ではなく，10^{28} をさすことになる）．これをくり返すことで，最後には

$$(\text{不可説})^8 = (\text{不可説転})^4 = (\text{不可説不可説})^2 = \text{不可説不可説転} \tag{A.7}$$

に到達する．これらを数値で書けば

$$\left(10^{7\times 2^{119}}\right)^8 = \left(10^{7\times 2^{120}}\right)^4 = \left(10^{7\times 2^{121}}\right)^2 = 10^{7\times 2^{122}} \approx 10^{3.7\times 10^{37}} \tag{A.8}$$

となり，まったく想像を絶する桁である．電磁気力と重力の強さの比 $\alpha_{\mathrm{E}}/\alpha_{\mathrm{G}} \approx 10^{36}$ のように途方もなく大きな数が自然界に存在することは古くから認

表 A.3 大きな数の名称.

名称	値	読み	おおまかに対応する数の例
一	10^0	いち	われわれの宇宙
十	10^1	じゅう	太陽系の惑星数
百	10^2	ひゃく	現在知られている太陽系外惑星の数
千	10^3	せん	太陽と木星の質量比
万	10^4	まん	日本の物理・天文学者数
億	10^8	おく	現在観測されている銀河の総数
兆	10^{12}	ちょう	日本の科学技術関係年間国家予算
京	10^{16}	けい	
垓	10^{20}	がい	ハッブル半径内の星の総数
秭	10^{24}	し	アボガドロ数
穣	10^{28}	じょう	
溝	10^{32}	こう	
澗	10^{36}	かん	電磁気力と重力の強さの比
正	10^{40}	せい	
載	10^{44}	さい	
極	10^{48}	ごく	
恒河沙	10^{52}	ごうがしゃ	地球内の全核子数
阿僧祇	10^{56}	あそうぎ	太陽内の全核子数
那由他	10^{60}	なゆた	プレアデス星団（すばる）内の全核子数
不可思議	10^{64}	ふかしぎ	
無量大数	10^{68}	むりょうたいすう	天の川銀河中の全核子数
...			
不可説不可説転	$10^{7\times 2^{122}}$	ふかせつふかせつてん	

識されており，その理由をめぐってさまざまな説が展開されてきた．しかし，「不可説不可説転」はこのような巨大数をそのまま10の肩に乗せたもので，これに対応するものとして思いつくのは，せいぜいレベル1マルチバース内のクローン宇宙間の平均距離程度だ．そのような数字にも名前があるのは，無限という概念に可能な限り迫ろうとした結果なのであろうか．そこまで突き詰めて考える行為そのものには畏怖の念すら感じてしまう．

次に，表A.3にそって，実際に天体がもつ核子の数がこれらの数詞のどれに対応するかを考えてみよう．宇宙における（比較的明るい）銀河の平均

個数密度は $0.01\,h^3$ 個/Mpc^3 程度なので，ハッブル半径内の銀河の総数は $0.01\,h^3 \times 4\pi(3000\,h^{-1})^3/3 \approx 10^9$ 個．ただし，暗い銀河の数は急速に増えるため，「銀河」の総数はこれよりもずっと多く，正確な個数の推定は困難である．銀河系内の星の総数は 10^{10} 個程度であるから，俗に「星の数ほど…」あるいは「天文学的数字」と呼ばれるものは高々「兆」どまりと言えようか．一方，ハッブル半径内の全質量 $10^{22}\,M_\odot$ の 1% が恒星だとすれば，1 垓（$=10^{20}$）個程度まではむしろ天文学的数字の範囲なのかもしれない．

人間の細胞の数は 200 種類以上，1 人あたり約 37 兆個（脳細胞だけに限ると，約 1000 億個）らしい．2020 年時点での日本の人口は 1.3 億，世界の人口は 78 億なので，全世界の人類の細胞数を総計すると 3×10^{23}，ほぼアボガドロ数と一致する．また，全世界の人類の脳細胞の総数は 8 垓個であり，ハッブル半径内の星の総数とほぼ同じというのはなんともすさまじい．

天体がもつ微視的な粒子の数は以下のように計算できる．3 章で示したように地球，太陽，天の川銀河，ハッブル半径内の宇宙（地平線球）の質量はそれぞれ

$$\text{地球 } M_\oplus \approx 5.974 \times 10^{27}[\mathrm{g}], \tag{A.9}$$

$$\text{太陽 } M_\odot \approx 1.989 \times 10^{33}[\mathrm{g}], \tag{A.10}$$

$$\text{天の川銀河 } M_{\mathrm{gal}} \approx 10^{11} M_\odot (\text{可視総質量}), \tag{A.11}$$

$$\text{地平線球 } M_{\mathrm{H}} \approx 10^{22} M_\odot (\text{ハッブル半径内}). \tag{A.12}$$

これらを陽子の質量 $m_{\mathrm{p}} \approx 1.67 \times 10^{-24}\mathrm{g}$ で割り算すれば，それらに含まれる核子数[*2]が推定できる．結果は，

$$M_\oplus/m_{\mathrm{p}} \approx 10^{51}, \quad M_\odot/m_{\mathrm{p}} \approx 10^{57}, \tag{A.13}$$

$$M_{\mathrm{gal}}/m_{\mathrm{p}} \approx 10^{68}, \quad M_{\mathrm{H}}/m_{\mathrm{p}} \approx 10^{79} \tag{A.14}$$

なので，地球，太陽，銀河に存在する核子数は，ほぼ恒河沙，阿僧祇，無量大数程度である．

恒河沙（$=\ 10^{52}$）とは，恒河（ガンジス河）の沙（砂）の数をさす．こ

*2　ごく大雑把には原子の数だと考えてもよいし，核子は 3 つのクォークからなることを思い出せば，ほぼ素粒子の数とみなしてもよい．

の砂の数を推定してみよう．ガンジス川とブラマプトラ川を合わせた流域面積として 173 万 km^2を採用する．沙とは砂の細かいものをさすらしいので，そのサイズを 0.1 mm 程度だと思えば，ガンジス川にそって 10 m 程度の深さに存在する沙の数は

$$\frac{1.7 \times 10^6\ \mathrm{km}^2 \times 10\ \mathrm{m}}{(0.1\ \mathrm{mm})^3} \approx 10^{25}. \tag{A.15}$$

この推定には数桁程度の誤差はあろう．それを考慮しても，「恒河沙」は本来むしろアボガドロ数程度でしかないはずだ．そもそも地球内の全核子（陽子と中性子の総称）数ですら，$M_\oplus/m_\mathrm{p} \approx 4 \times 10^{51}$ 個なので，さすがに，字義どおり恒河の沙の数が 10^{52} とするのは大袈裟すぎる．

太陽中の全核子数となると，$M_\odot/m_\mathrm{p} \approx 10^{57}$ 個で 10 阿僧祇となる．兵庫県立西はりま天文台には，口径 2 m という，日本国内では最大の光学赤外線望遠鏡がある．この望遠鏡の愛称は，3651 通の応募のなかから愛知県岡崎市の高校生によって「なゆた」と命名された．一方，日本が所有する最大の光学赤外線望遠鏡はハワイ島のマウナケア山頂にある口径 8.2 m のすばる望遠鏡である．すばるは，プレアデス星団の和名で，100 個程度の星からなる．比較的青白く高温で太陽よりも重い星が多いので，すばるにある全核子数は 10^{59} 個よりもむしろ 10^{60} 個に近いかもしれない．そう考えれば，すばるにある全核子数は 1 那由他と言ってよいだろう．天の川銀河は約 10^{10} 個の恒星の集まりであると述べたので，無量大数 $= 10^{68}$ はおおよそ天の川銀河中の全核子数に対応する*3．

宇宙のスケールをプランク単位で表現すれば無次元巨大数が得られる．観測できる宇宙の果てまでの長さを示すハッブル半径とプランク長さとの比は，$r_\mathrm{H}/\ell_\mathrm{pl} \approx 10^{61} = 10$ 那由他．その分子分母を光速度で割り算すれば，プランク時間 $t_\mathrm{pl} \equiv \sqrt{\hbar G/c^5} \approx 5 \times 10^{-44}$ 秒 を単位として測った現在の宇宙年齢 t_0/t_pl となる．また，現在の宇宙における核子と（マイクロ波背景輻射）光子の個数密度はそれぞれ

$$n_\mathrm{b} = \frac{\rho_\mathrm{b}}{m_\mathrm{p}} \approx 2.2 \times 10^{-7} \left(\frac{\Omega_\mathrm{b} h^2}{0.02}\right) \mathrm{cm}^{-3}, \tag{A.16}$$

---

*3　といってもピンとこないことに変わりはないか・・・．

$$n_\gamma = 411 \left(\frac{T_\gamma}{2.725\mathrm{K}}\right)^3 \mathrm{cm}^{-3} \tag{A.17}$$

であるから，ハッブル半径内の全核子数と全光子数は

$$N_\mathrm{p} = \frac{4\pi}{3} n_\mathrm{b} r_\mathrm{H}^3 \approx 1.5 \times 10^{78} h^{-1} \left(\frac{\Omega_\mathrm{b}}{0.04}\right), \tag{A.18}$$

$$N_\gamma = \frac{4\pi}{3} n_\gamma r_\mathrm{H}^3 \approx 1.4 \times 10^{87} h^{-3} \left(\frac{T_\gamma}{2.725\mathrm{K}}\right)^3 \tag{A.19}$$

となる．ここまでくれば，無量大数程度の呼び名では足りなくなるので，やはり仏教の経典のありがたみが身にしみはじめてくる．

最後に，漢語に比べるとあまり深みは感じられないが，英語での大きな桁の数字の名称を表 A.4 にまとめておこう．有名なのは 1920 年に提唱されたグーゴル (googol) で 10^{100} を表す．地平線球内の全核子数ですら 10^{78} 程度なので，グーゴルとは現在のわれわれにはいまだ観測不可能な領域にある．

表 A.4 大きな数の名称（英語）．

10^{3N+3}	N	英語での名称
10^{6}	1	million
10^{9}	2	billion
10^{12}	3	trillion
10^{15}	4	quadrillion
10^{18}	5	quintillion
10^{21}	6	sextillion
10^{24}	7	septillion
10^{27}	8	octillion
10^{30}	9	nonillion
10^{33}	10	decillion
10^{36}	11	undecillion
10^{39}	12	duodecillion
10^{54}	17	septdecillion
10^{60}	19	nondecillion
10^{63}	20	vigintillion
10^{66}	21	unvigintillion
10^{69}	22	duovigintillion
10^{90}	29	vigintinonillion
10^{100}		googol

10^{3N+3}	N	英語での名称
10^{99}	32	duotrigintillion
10^{102}	33	trestrigintillion
10^{123}	40	quadragintillion
10^{138}	45	quinto-quadragintillion
10^{261}	86	sexoctogintillion
10^{303}	100	centillion
10^{309}	102	duocentillion
10^{312}	103	trecentillion
10^{351}	116	centumsedecillion
10^{366}	121	primo-vigesimo-centillion
10^{402}	133	trestrigintacentillion
10^{603}	200	ducentillion
10^{624}	207	septenducentillion
10^{903}	300	trecentillion
10^{2421}	806	sexoctingentillion
10^{3003}	1000	millillion
$10^{3000003}$	10^{6}	milli-millillion

100 垓（$= 10^{22}$）個もの異なる地平線球内の総核子数に相当する[*4]．

このようにわれわれが直接観測できるすべてのものの個数を足し合わせようと，グーゴルを超えることは不可能なのである．にもかかわらず，さらに莫大な数を定義することはできる．もっとも安直な例は，その数を 10 の肩に乗せた数である．具体的には，グーゴルプレックス=10 の 1 グーゴル乗 =10 の 10^{100} 乗，グーゴルプレックスプレックス=10 の 1 グーゴルプレックス乗=10 の（10 の 10^{100} 乗）乗という具合．もはやなんら意味を見いだし難いものの，形式的にはこのプロセスも無限回くり返すことができる．

A.4 小さな数の単位

逆に小さな桁の数の名称はどうなっているのだろうか．表 A.5 を眺めると，大きな数の場合に比べて考慮されている桁の範囲が少ないようである．大きな数は無限という概念につながるのに対して，小さな数は 0 という有限値に収束するだけだからなのであろうか．本当の理由はよくわからない．

漢字だけを眺めているとわかったようなわからないようなであるが，瞬息，弾指，あたりなら何やら短い時間間隔を意味していること程度は想像できる．刹那だけは，日常用語として今でも用いられているが，『広辞苑』には 1 弾指 = 20 瞬 = 65 刹那とある．1 弾指を文字どおり解釈すれば，0.1–1 秒程度だろうから 1 刹那は約 1/100 秒と推定できる．文献[*5]によれば 1 刹那は 1/75 秒と記述されているのでまあ悪くない（ちなみに 1 須臾は 48 分とある）．

またこの文献には，大毘婆沙論（だいひばしゃろん）のなかの説として，「2 人の成人男子が何本ものカーシー産の絹糸（細い絹糸）をつかんで引っ張り，もう 1 人の成人男子が中国産の剛刀（よく切れる刀）でもって一気にこれを切断するとき，1 本の切断につき 64 刹那が経過する」が引用され

---

*4　1996 年にスタンフォード大学の大学院生のラリー・ペイジとセルゲイ・ブリンが検索エンジンに関する研究プロジェクトを開始した．その結果として膨大な検索数が可能となることを象徴すべく，ラリー・ペイジがグーゴルと命名しようとした際，googol でなく google と間違ったのが現在の Google 社の名前の由来であるとされている．

*5　定方晟『須弥山と極楽』（講談社現代新書，1973）．

表 **A.5** 小さな数の名称.

名称	値	読み
分	10^{-1}	ぶ
厘（釐）	10^{-2}	りん
毛（毫）	10^{-3}	もう
糸（絲）	10^{-4}	し
忽	10^{-5}	こつ
微	10^{-6}	び
繊	10^{-7}	せん
沙	10^{-8}	しゃ
塵	10^{-9}	じん
埃	10^{-10}	あい
渺	10^{-11}	びょう
漠	10^{-12}	ばく

名称	値	読み
模糊	10^{-13}	もこ
逡巡	10^{-14}	しゅんじゅん
須臾	10^{-15}	しゅゆ
瞬息	10^{-16}	しゅんそく
弾指	10^{-17}	だんし
刹那	10^{-18}	せつな
六徳	10^{-19}	りっとく
虚	10^{-20}	きょ
空	10^{-21}	くう
清	10^{-22}	せい
浄	10^{-23}	じょう

ている．一つかみの糸は何百，何千もの本数に対応するであろうから，これによれば上述の約 1/100 秒はかなり過大評価かもしれない．

A.5 宇宙の年齢と億劫

逆に長い時間の単位は，A.3 節で引用した吉田光由の書物『塵劫記』の「劫（こう）」である．『広辞苑』によれば，これは宇宙的な長い時間に対応し Kalpa（カルパ）とも呼ばれる．仏教では，世界の成立から破滅に至るサイクルとして，成劫（世界の成立から人間が住み地獄から色界天までが成立する期間），住劫（人類が世界に安穏に存在する期間），壊劫（世界の破滅に至る期間），空劫（次の世界が成立するまでの何もない期間）の四劫を考える．このサイクルは壊劫から始まり，空劫，成劫，住劫の順で永遠にくり返すとされている．

文献[*6]のなかのインドの宇宙論に関する記述によれば，1 カルパは 43 億 2000 万年に対応するとのこと．ならば，四劫とは 172 億 8000 万年になり，最新の観測データから推測された 138 億年と驚くべき一致を示すことになる．しかしながら，ヒンズー教がさす 1 カルパの値と上述の（仏教がさす）

*6 Blacker, C. and Loewe, M.（編）『古代の宇宙論』（矢島祐利・矢島文夫訳，海鳴社，1976）．

「劫」とは必ずしも同じではなく，後者については具体的な数値は示されていないらしい．譬え話として引用されている説には，芥子劫（1 辺約 7.4 km の立方体内に芥子粒を満たし，100 年に 1 粒ずつとりだして全部終わってもまだ 1 劫は経過しない）と磐石劫（1 辺約 7.4 km の立方体の硬い石をカーシー産の綿ネルで 100 年に 1 度さっと払うとして，石が摩滅するまで続けてもまだ 1 劫は経過しない）がある．これを字義どおり解釈すれば芥子劫の下限値は

$$\left(\frac{7.4\text{km}}{1\text{mm}}\right)^3 \times 100\,\text{年} \approx 4 \times 10^{22}\text{年}. \tag{A.20}$$

磐石劫の値の推定には，石の「摩耗」の機構に関する理解が必要となるがこれは工学上の難問である．そこで，布で一拭するたびに石の材料の固体格子の一層分約 1 Å 程度が失われると仮定しよう．100 年に一度石の高さが 1 Å ずつ低くなるとすれば，磐石劫の下限値は

$$\left(\frac{7.4\text{km}}{1\,\text{Å}}\right) \times 100\,\text{年} \approx 7 \times 10^{15}\text{年}. \tag{A.21}$$

さらに，壊劫・空劫・成劫・住劫に出てくる劫は，上述の譬え話に出てくる劫を 20 倍した単位らしく，4 劫の 1 サイクルで「大劫」という上述の劫 80 個を合わせたスケールをつくっている．ここまでくると，さすがに気が遠くなってしまう．

落語の寿限無にでてくる「五劫の擦り切れ」はこの劫の 5 倍．さらに，面倒なときに使ってしまう「億劫（おっくう）」とは，1 劫の 1 億倍である．もしもこれが磐石劫の 1 億倍なら，7×10^{23} 年，芥子劫の 1 億倍なら 4×10^{30} 年 に対応する．現代科学が解明した宇宙の年齢などはるかに超越した単位をわれわれが日常的に口にしていることだけは確からしい．

参考文献

本書は，あくまで物理学に関するごく基本的な知識だけを前提とした入門書である．紹介したいくつかのトピックについて興味をもたれたら，以下のより進んだ教科書あるいは相補的な解説書を読むことで，理解を深めていただきたい．

⋆　最新の観測天文学の成果をカラー写真を通して紹介する解説書

須藤靖『この空のかなた』（亜紀書房，2018）．

⋆　系外惑星に関する教科書

河原創『系外惑星探査——地球外生命をめざして』（東京大学出版会，2018）．

⋆　一般相対論に関する入門的教科書

須藤靖『一般相対論入門 改訂版』（日本評論社，2019）．

⋆　宇宙論に関する本格的教科書

松原隆彦『現代宇宙論——時空と物質の共進化』（東京大学出版会，2010）．

松原隆彦『宇宙論の物理　上，下』（東京大学出版会，2014）．

⋆　人間原理に関するもっとも包括的な教科書

Barrow, J. D. and Tipler, F. J., *The Anthropic Cosmological Principle* (Oxford University Press, 1986).

⋆　マルチバースに関する本格的解説書

マックス・テグマーク『数学的な宇宙——究極の実在の姿を求めて』（谷本真幸訳，講談社，2016）．

⋆　人間原理とマルチバースに関する初歩的解説書

須藤靖『不自然な宇宙』（講談社ブルーバックス，2019）．

索 引

著者略歴

須藤 靖（すとう・やすし）

1958 年　高知県安芸市生まれ．
1986 年　東京大学大学院理学系研究科物理学専攻博士課程修了．
現　在　東京大学大学院理学系研究科物理学専攻教授．理学博士．
専　門　宇宙論・太陽系外惑星の理論的および観測的研究．
主要著書　『人生一般ニ相対論』（東京大学出版会，2010），
『もうひとつの一般相対論入門』（日本評論社，2010），
『三日月とクロワッサン――宇宙物理学者の天文学的人生論』（毎日新聞社，2012），
『主役はダーク――宇宙究極の謎に迫る』（毎日新聞社，2013），
『科学を語るとはどういうことか――科学者，哲学者にモノ申す』（共著，河出書房新社，2013），
『宇宙人の見る地球』（毎日新聞社，2014），
『情けは宇宙のためならず――物理学者の見る世界』（毎日新聞出版，2018），
『この空のかなた』（亜紀書房，2018），
『不自然な宇宙――宇宙はひとつだけなのか？』（講談社ブルーバックス，2019），
『解析力学・量子論　第 2 版』（東京大学出版会，2019），
『一般相対論入門　改訂版』（日本評論社，2019）

ものの大きさ［第 2 版］ 自然の階層・宇宙の階層

2006 年 10 月 20 日　初　版第 1 刷
2021 年 2 月 24 日　第 2 版第 1 刷

［検印廃止］

著　者　須藤 靖
発行所　一般財団法人 東京大学出版会
代表者 吉見俊哉
153-0041 東京都目黒区駒場 4-5-29
電話 03-6407-1069　Fax 03-6407-1991
振替 00160-6-59964
URL http://www.utp.or.jp/
印刷所　大日本法令印刷株式会社
製本所　誠製本株式会社

ISBN 978-4-13-063609-4 Printed in Japan